AUSTRILIA SENIOR SCHOOL MATHEMATICAL COMPETITION QUESTIONS AND ANSWERS, MIDDLE VOLUME, 1999—2005

澳大利亚中学
数学竞赛试题及解答

中级卷　1999—2005

● 刘培杰数学工作室　编

哈尔滨工业大学出版社

内 容 简 介

本书收录了1999年至2005年澳大利亚中学数学竞赛中级卷的全部试题,并且给出了每道试题的详细解答,其中有些题目给出了多种解法,以便读者加深对问题的理解并拓宽思路.

本书适合中学生、教师及数学爱好者参考阅读。

图书在版编目(CIP)数据

澳大利亚中学数学竞赛试题及解答.中级卷.1999—2005/刘培杰数学工作室编.— 哈尔滨:哈尔滨工业大学出版社,2019.3

ISBN 978-7-5603-7861-9

Ⅰ.①澳… Ⅱ.①刘… Ⅲ.①中学数学课-题解 Ⅳ.①G634.605

中国版本图书馆 CIP 数据核字(2018)第 302923 号

策划编辑	刘培杰 张永芹
责任编辑	张永芹 邵长玲
封面设计	孙茵艾
出版发行	哈尔滨工业大学出版社
社　　址	哈尔滨市南岗区复华四道街10号 邮编150006
传　　真	0451-86414749
网　　址	http://hitpress.hit.edu.cn
印　　刷	哈尔滨市石桥印务有限公司
开　　本	787mm×960mm 1/16 印张10.5 字数108千字
版　　次	2019年3月第1版 2019年3月第1次印刷
书　　号	ISBN 978-7-5603-7861-9
定　　价	28.00元

(如因印装质量问题影响阅读,我社负责调换)

目录

第 1 章　1999 年试题　//1

第 2 章　2000 年试题　//20

第 3 章　2001 年试题　//39

第 4 章　2002 年试题　//58

第 5 章　2003 年试题　//76

第 6 章　2004 年试题　//96

第 7 章　2005 年试题　//115

编辑手记　//137

第 1 章　1999 年试题

1. $20 \div 0.2$ 等于(　　).

A. 10　　　　B. 40　　　　C. 100

D. 400　　　E. 1 000

解　$\dfrac{20}{0.2} = \dfrac{200}{2} = 100.$　　　　　　(C)

2. $1 - \left(\dfrac{2}{3}\right)^2$ 等于(　　).

A. $\dfrac{1}{3}$　　　　B. $\dfrac{2}{9}$　　　　C. $\dfrac{1}{9}$

D. $\dfrac{5}{9}$　　　　E. $\dfrac{2}{3}$

解　$1 - \left(\dfrac{2}{3}\right)^2 = 1 - \dfrac{4}{9} = \dfrac{5}{9}$　　　　(D)

3. 在图 1 中,x 的值等于(　　).

A. 105　　　B. 95　　　C. 85

D. 75　　　　E. 65

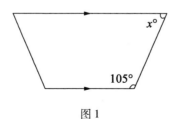

图 1

解 $x + 105 = 180, x = 75.$ (D)

4. $\dfrac{1}{2} + \dfrac{1}{4} + \dfrac{1}{5} + \dfrac{1}{6} - \dfrac{1}{5} + \dfrac{1}{2} + \dfrac{5}{6} + \dfrac{3}{4}$ 的值等于( ).

    A. 4   B. 3   C. $2\dfrac{2}{3}$

    D. $3\dfrac{2}{3}$ E. $2\dfrac{5}{6}$

解 $\dfrac{1}{2} + \dfrac{1}{4} + \dfrac{1}{5} + \dfrac{1}{6} - \dfrac{1}{5} + \dfrac{1}{2} + \dfrac{5}{6} + \dfrac{3}{4}$

$= \left(\dfrac{1}{2} + \dfrac{1}{2}\right) + \left(\dfrac{1}{4} + \dfrac{3}{4}\right) + \left(\dfrac{1}{5} - \dfrac{1}{5}\right) + \left(\dfrac{1}{6} + \dfrac{5}{6}\right)$

$= 1 + 1 + 0 + 1$

$= 3$ (B)

5. 广告上称一辆汽车标价从3 000元下降到1 800元. 这表示减价百分之多少?( ).

    A. 36%   B. 40%   C. 42%

    D. 50%   E. 60%

解 减价的百分数为 $\dfrac{1\,200}{3\,000} \times 100\% = 40\%.$

(B)

6. 某班有16名男生和14名女生. 如果又增加4名女生, 则女生人数是全班的几分之几?( ).

    A. $\dfrac{1}{2}$ B. $\dfrac{2}{3}$ C. $\dfrac{9}{15}$

    D. $\dfrac{8}{15}$ E. $\dfrac{9}{17}$

解 增加 4 名女生,这个分数成为 $\frac{18}{34} = \frac{9}{17}$.

(E)

7. 一个游泳池长 50 m、宽 25 m 且深 1.8 m. 请问这个游泳池中水的容积是多少立方米?( ).

A. 1 800 m³   B. 1 980 m³   C. 2 000 m³

D. 2 050 m³   E. 2 250 m³

解 $50 \times 25 \times 1.8 = 2\ 250\ m^3$.   (E)

8. 如图 2, S 是 △PQR 内部的一点,使得 $SP = SR$. 某些角的度数已标出, x 等于( ).

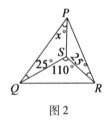

图 2

A. 5   B. 15   C. 25

D. 35   E. 45

解 如图 3, 在等腰 △PSR 中, $\angle RPS = 25°$ 且 $\angle PSR = 130°$. 于是 $\angle PSQ = 360° - 240° = 120°$. 所以在 △$PSQ$ 中, $x = 180 - 25 - 120$. 即 $x = 35$.

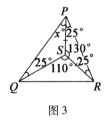

图 3

(D)

9. 三人按比例 6∶3∶2 分一笔钱. 分得钱数最少的人得 300 元. 所分钱的总数是(　　).

A. 1 500 元　　B. 1 350 元　　C. 1 650 元

D. 3 000 元　　E. 3 300 元

解 最小的一份是 300 元,它相当于总金额的 $\dfrac{2}{2+3+6} = \dfrac{2}{11}$. 总金额是 $\dfrac{11 \times 300}{2} = \dfrac{3\,300}{2} = 1\,650$ 元.

(C)

10. 在图 4 中,$KRTL$ 是 11 cm × 8 cm 的矩形. $LM = 4$ cm,请问阴影区域的面积是多少平方厘米?(　　).

A. 44 cm^2　　B. 56 cm^2　　C. 72 cm^2

D. 48 cm^2　　E. 32 cm^2

解 阴影部分的面积为矩形面积 − 无阴影的三角形的面积. 故所求面积为 $8 \times 11 - \left(\dfrac{1}{2} \times 4 \times 8\right) = 72(\text{cm}^2)$.

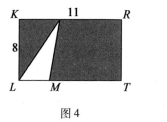

图 4

(C)

11. 悉尼奥运会入场券的一个早期预售方案是:一张可观看 9 项比赛的入场券要预付 750 澳元,且往后的 12 个月中每月再付 228 澳元. 按此方案,一项比赛的入场券平均价格最接近于(　　).

A. 200 澳元　　B. 250 澳元　　C. 300 澳元

D. 350 澳元　　E. 400 澳元

解　总支付是 $750 + 12 \times 228 = 750 + 2\,736 = 3\,486$ 澳元.所以平均每项比赛入场券价格是 $\frac{3\,486}{9} = 387\frac{1}{3}$,最接近于 400 澳元.　　　　　　(E)

12. 每天我都在游泳池游相同的圈数.在游完一定圈数后,我已经完成了总数的 20%,而且再加一圈后已完成总数的 25%.请问每天我游多少圈?(　　).

A. 20 圈　　B. 30 圈　　C. 40 圈
D. 50 圈　　E. 60 圈

解　一圈是 $(25-20)\% = 5\% = \frac{1}{20}$,所以总圈数是 20.　　　　　　　　　　　　　　(A)

13. 在以下的减法式子中,某些数字用字母代表

$$\begin{array}{r} a\ 4\ b\ 7\ c \\ -\ 5\ d\ 8\ e\ 6 \\ \hline 2\ 8\ 4\ 9\ 9 \end{array}$$

哪一个字母所代表的数字最大?(　　).

A. a　　B. b　　C. c
D. d　　E. e

解　考虑减式

$$\begin{array}{r} a\ 4\ b\ 7\ c \\ -\ 5\ d\ 8\ e\ 6 \\ \hline 2\ 8\ 4\ 9\ 9 \end{array}$$

从右到左计算 c 必定是 5,$e = 7$,$9 + 4$ 给出 b,故 $b = 3$,

$d+1+8$ 给出最后一位数 4,故 $d=5$,又 $a-6=2$,故 $a=8$.最大的数字是 8. (A)

14. 在一个立方体的各表面上作对角线,使得这些对角线的任意两条无公共点.这样的对角线最多( ).

A.2 条　　B.3 条　　C.4 条
D.5 条　　E.6 条

解 一个立方体有 8 个顶点,每条对角线有两个顶点,所以无公共顶点的对角线的条数最多是 4 条.现验证 4 条是能达到的,考虑立方体 $PQRSP'Q'R'S'$(这里 $P'Q'R'S'$ 是 $PQRS$ 的平行投影)且 4 个面的对角线是 PQ',QR',RS' 和 SP'. (C)

15. 某国家只有 3 元和 5 元的两种钞票,从 1 元到 100 元在内的金额中,请问有多少种金额不能确切地用这些钞票构成?( ).

A.2 种　　B.3 种　　C.4 种
D.7 种　　E.21 种

解 我们能得到 $3,5,6=3+3,8=3+5,9=3+3+3,10=5+5$.一但三个相继的数 $a,a+1,a+2$ 可被构成,则对每个数加 3 将可构成 $a+3,a+4,a+5$ 且如此继续下去,所以,只有 1,2,4 和 7 不能构成.

(C)

16. 回文数是一个从前面读起和从后面读起为同样的数,例如 141.在一次开车旅行途中,驾驶员注意到里程表按千米数显示出回文数 35 953.75 min 后,里

程表显示出下一个回文数. 在这两个回文读数之间,汽车的平均速度为每小时多少千米?( ).

A. 88 km　　B. 110 km　　C. 99 km

D. 73.5 km　　E. 84 km

解　下一个回文数是 36 063,即再开 110 km 以后,所花费的时间是 $1\frac{1}{4} = \frac{5}{4}$ (h). 于是平均速度是

$$110 \div \frac{5}{4} = \frac{440}{5} = 88 \qquad (\ A\ )$$

17. 在一个村庄的赶集日,7 个菠萝的价值是 9 根香蕉和 8 个杧果的总价值,同时 5 个菠萝的价值是 6 根香蕉和 6 个杧果的总价值. 在同一天,请问 1 个菠萝的价值和以下哪一项相同?( ).

A. 两个杧果

B. 1 根香蕉和两个杧果

C. 3 根香蕉和 1 个杧果

D. 1 根香蕉和 1 个杧果

E. 4 根香蕉

解　设菠萝、香蕉和杧果分别值 p, b 和 m 单位. 则

$$7p = 9b + 8m \qquad (1)$$

$$5p = 6b + 6m \qquad (2)$$

(1) × 2

$$14p = 18b + 16m \qquad (3)$$

(2) × 3

$$15p = 18b + 18m \qquad (4)$$

7

(4)-(3)
$$p = 2m$$
所以,1个菠萝价值两个柠果.

由于有三个变数的两个方程,我们必须检验每个其他的备选项去排除其可能性.

如果 $b = 2x$,则 $m = 3x$ 且 $p = 6x$. 其他的备选项因而是 $b + 2m = 8x$, $3b + m = 9x$, $b + m = 5x$ 和 $4b = 8x$,都不等于 $6x$. (A)

18. 对于数字不为0的所有三位数,计算此数本身与其数字之积的差. 这样的差数最大值是( ).

A. 110   B. 270   C. 902
D. 910   E. 927

解 设 a,b 和 c 是一个三位数的三个数字,考虑差数 $100a + 10b + c - abc = a(100 - bc) + 10b + c$.

因 $b < 10$ 和 $c < 10$,我们有 $bc < 100$. 所以 $a(100 - bc) + 10b + c$ 是正的且当 a 增加时增加.

因此,$a = 9$ 且这个差是 $900 + 10b + c - 9bc$.

现在我们必须寻找 $10b + c - 9bc = 10b + c(1 - 9b)$ 的可能的最大值.

因为,$1 - 9b < 0$,$10b + c(1 - 9b)$,当 $c = 1$ 时取最大值. 所以,$10b + c(1 - 9b) = b + 1$,且 $b = 9$.

于是这个差是 $991 - (9 \times 9 \times 1) = 910$.

(D)

19. 小克参加越野跑比赛,他在平地上每100 m跑60步,在山路上每100 m跑80步. 这次比赛的路途中

第1章　1999年试题

有$\frac{1}{4}$是平地,有$\frac{3}{4}$是山路,全程他共跑了600步.请问这次越野跑全程为多少米?(　　).

　　A.860 m　　　　B.840 m　　　　C.900 m
　　D.960 m　　　　E.800 m

解　设距离是 x m.

则有$\frac{x}{4}$ m 是平地且$\frac{3x}{4}$ m 是山路.

在平地上的步数 + 在山路上的步数 = 600.所以

$$\frac{60}{100} \times \frac{x}{4} + \frac{80}{100} \times \frac{3x}{4} = 600$$

$$6x + 24x = 40 \times 600$$

$$x = 800 \qquad\qquad (\text{ E })$$

20. 将数 24,27,36,42,63,84,87,96 分成两组,每组四个数,使得每组中数的和之间的差尽可能的小.这个差的最小值是多少?(　　).

　　A.0　　　　　B.1　　　　　　C.3
　　D.6　　　　　E.9

解　给出的数之和是奇数.因此,我们不能将这些数分成两组使得其中一组的数之和等于另一组数之和.所以其差不能为0.因为每个给定数能被3整除,问题中的差必被3整除.所以,可能的最小的差至少是3.即

$$(24 + 27 + 84 + 96) - (36 + 42 + 63 + 87) = 3$$

$$(\text{ C })$$

21. 罗滨(Robin)、塞姆(Sam)、泰里(Terry)、巫娜

9

(Una)、维芙(Viv)在一次竞赛中彼此做对抗赛. 若竞赛没有平局,塞姆比罗滨超前的名次数是巫娜落后于泰里名次数的两倍. 维芙的名次数是奇数. 下列哪一项是唯一正确的叙述?(   ).

A. 维芙第一名   B. 塞姆第二名   C. 泰里第四名
D. 巫娜第三名   E. 罗滨第五名

解 假设U(巫娜)是在T(泰里)的下一名次. 则对最终次序的可能情形是SVRTU或TUSVR. 这两种情形中V(维芙)是在偶数名次,所以两者都不满足.

假设U(巫娜)在T(泰里)后两名次,则S(塞姆)是在R(罗滨)前四个名次,且这种情形仅当S(塞姆)在T(泰里)前且R(罗滨)在U(巫娜)后才能发生,这样V(维芙)在第三名,即次序是STVUR,且R(罗滨)是第五名. (E)

22. 如图5所示,半径分别为40和20单位的两圆相切. 圆心O和P的连线延长至两外公切线的交点Q,PQ的长度是(   ).

A. 60   B. 65   C. 67.5
D. 70   E. 75

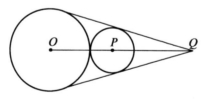

图5

解 如图 6,设 PQ 的长度是 x.

联结 O 和 P 分别到公切线的交点 L 和 M.

半径垂直于公切线,因而 $\triangle OLQ$ 和 $\triangle PMQ$ 是直角三角形,且 $\triangle OLQ \backsim \triangle PMQ$.

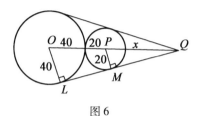

图 6

所以

$$\frac{PQ}{OQ} = \frac{PM}{OL}$$

$$\frac{x}{x+60} = \frac{20}{40} = \frac{1}{2}$$

$$2x = x + 60$$

$$x = 60 \qquad\qquad (\ A\ )$$

23. 正整数 a,b,c,当 $a \geqslant 3$ 和 $b \geqslant 3$ 时满足 $\frac{1}{a}+\frac{1}{b} = \frac{1}{c}+\frac{1}{2}$,则 c 能取的不同值的个数是(　　).

A. 2 个　　　　B. 3 个　　　　C. 4 个

D. 5 个　　　　E. 大于 5

解 我们不能同时有 $a > 3$ 和 $b > 3$,因为这就表示 $a \geqslant 4$ 和 $b \geqslant 4$. 这导致结果 $\frac{1}{a}+\frac{1}{b} = \frac{1}{4}+\frac{1}{4} = \frac{1}{2}$,而 c 将无正整数值.

如果 $a=3$，则

$$\frac{1}{c}=\frac{1}{b}-\frac{1}{6}=\frac{6-b}{6b}$$

因此，b 仅能取值 $3,4,5$，因为，6 或更大的值将不能使 c 为正整数．

当 $b=3,4,5,c$ 的对应值是 $6,12,30$．

当 $b=3$，由对称性 $a=3,4,5$ 且 c 取同样的值的集合，即对 c 刚好有 3 个可能的值． (B)

24. 如图 7 所示，大半圆的直径和 $\frac{1}{4}$ 圆的半径两者的长度都是 2 个单位，两个半圆相切，小半圆的半径是（ ）．

A. $\dfrac{2}{\pi}$ B. $\dfrac{7}{10}$ C. $\dfrac{2}{3}$

D. $\dfrac{\pi}{5}$ E. $\dfrac{\sqrt{2}}{2}$

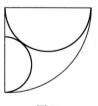

图 7

解 如图 8，连接两个半圆的圆心 P 和 Q．由于它们相切，连线也通过两半圆的交点．设较小半圆的半径为 x，则 $OQ=2-2x+x=2-x$．

由 Rt△POQ，有

$$(1+x)^2=1^2+(2-x)^2$$

第1章　1999年试题

$$1+2x+x^2 = 1+4-4x+x^2$$
$$6x = 4$$
$$x = \frac{2}{3} \qquad (\ \text{C}\ )$$

图8

25. 具有两位或更多位数字的数. 从左到右读出其数字,如按严格递增次序出现,则称为排序数. 如125,14 和 239 是排序数,而 255,74 和 198 则不是. 将所有的排序数按递增次序写出. 请问第 100 个排序数是多少?(　　).

A. 389　　　B. 356　　　C. 269
D. 345　　　E. 258

解　考虑排序两位数的如表1:

表1

第一位数字	第二位数字	计数
1	2,…,9	8
2	3,…,9	7
3	4,…,9	6
4	5,…,9	5
5	6,…,9	4
6	7,…,9	3
7	8,…,9	2
8	9	1
总计		36

考虑以 1 开头的排序三位数的如表 2：

表 2

前两位数字	第三位数字	计数
12	3,⋯,9	7
13	4,⋯,9	6
14	5,⋯,9	5
15	6,⋯,9	4
16	7,⋯,9	3
17	8,9	2
18	9	1
总计		28

以同样方式继续下去，我们完成了表 3：

表 3

		计数
两位数		
三位数	第一位数字	
	1	28
	2	21
	3	15
总计		100

第 100 个排序数是这些数的最后一个，即 389.

(A)

26. 100 人排成一列，要求他们每次都从第 1 人开始由 1 至 5 报数，如"1,2,3,4,5,1,2,3,4,5"，所有报到"5"的人出列，如此继续下去直到最后剩下 4 人为止. 请问最后离开的那个人的原来是排在第( ).

A. 94 位　　　B. 96 位　　　C. 97 位

D. 98 位　　　E. 99 位

解　第一轮出列后，100 - 20 = 80 人留下，第二

第1章 1999年试题

轮后,$80-16=64$ 人留下且如此继续.

从这个过程,我们得到:

$100-20=80^*$,$80-16=64^*$,$64-12=52$,
$52-10=42$,$42-8=34$,$34-6=28$,$28-5=23$,
$23-4=19$,$19-3=16$,$16-3=13$,$13-2=11$,
$11-2=9$,$9-1=8$,$8-1=7$,$7-1=6$,$6-1=5$,
$5-1=4^*$.

所以,在这个程序进行17次后有4人剩下.

我们能看出在每一阶段,如果这列中最后一人出列,则该列中的人数被5整除,且这发生于打"*"的那三个阶段.于是居于第100位的那个人在第一轮出列,第99位的人在第二轮出列,且第98位的人最后出列.因此,最后出列的人是原来位于第98位的那一个.

(D)

27. 如果一个完全平方数的十位数字是7,可能有多少种个位数字?( ).

A. 1 种　　　B. 2 种　　　C. 3 种

D. 4 种　　　E. 5 种

解 一个数的完全平方数的最后两位数仅依赖于该数的最后两位数字.

现在 $(10a+b)^2=100a^2+20ab+b^2$.

当从 b^2 进位带来的十位数的奇数时,以上数的十位数将只能是奇数.这仅当 $b=4$ 或 $b=6$ 时发生.

在这两者之一的任一情形,个位数是6(例如这样的一个数是 $24^2=576$). (A)

28. 记号 $[x]$ 表示不大于 x 的最大整数. 例如 $[3.5]=3$ 且 $[5]=5$. 请问有几个正整数 x 满足 $[x^{\frac{1}{2}}]+[x^{\frac{1}{3}}]=10$?(   )

A. 11 个   B. 12 个   C. 13 个

D. 14 个   E. 15 个

解   由于我们处理平方根和立方根的整数部分时,我们需要考虑平方根与立方根之间的范围,即 1,4,8,9,16,25,27,36,49,64,81,$\cdots$,我们能看出

$$[36^{\frac{1}{2}}]+[36^{\frac{1}{3}}]=6+3=9<10$$

和

$$[49^{\frac{1}{2}}]+[49^{\frac{1}{3}}]=7+3=10$$

下一个变化将是 49 后下一个平方数或立方数,即在 64 处,这里 $[x^{\frac{1}{2}}]+[x^{\frac{1}{3}}]$ 的值变成 12.

x 的整数值的个数是从 49 到 63(含两端)的数的个数,即 15.   (E)

29. 如图 9,9 个点 $P,Q,R,S,\cdots,W,X$ 等距地位于一个圆上,其顶点属于集合 $\{P,Q,R,S,\cdots,W,X\}$ 且使得此圆圆心落在其内部的不同三角形的个数是(   ).

A. 14 个   B. 21 个   C. 30 个

D. 42 个   E. 48 个

解法 1   固定点 P 作为这样一个三角形的一个顶点,则通过 X 有 1 个这样的三角形($\triangle PXT$).

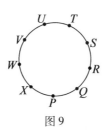

图9

过 W 有 2 个（$\triangle PWT, \triangle PWS$）；

过 V 有 3 个（$\triangle PVT, \triangle PVS, \triangle PVR$）；

过 U 有 4 个（$\triangle PUT, \triangle PUS, \triangle PUR, \triangle PUQ$）.

故过 P 有 $1+2+3+4=10$ 个这样的三角形.

有 9 个点每个点具有 10 个这样的三角形，但每个三角形计数三次，所以不同的三角形个数是

$$\frac{10 \times 9}{3} = 30$$

(C)

解法 2 由于有 9 个点，这些三角形可以有长度为 $a=PX, b=PW, c=PV, d=PU$ 的边.

为了包含该圆的中心，这些三角形可以有边 d, d, a 或 b, c, d 或 c, c, c.

以 d, d, a 为边的三角形个数是 9；

以 b, c, d 为边的三角形个数是 18；

以 c, c, c 为边的三角形个数是 3，总数是 30.

30. 如图 10，当半径为 10 cm 的三个球放入一个半球形碗中时，注意到这三个球的顶端与该碗的顶端都精确地处于同一个水平面. 请问这个碗的半径是多少厘米？（   ）.

A. 30 cm B. $10\left(1+\sqrt{\dfrac{7}{3}}\right)$ cm

C. $10(\sqrt{3}+1)$ cm D. $10(\sqrt{2}+1)$ cm E. 25 cm

图 10

解 如图 11,考虑与较大半球碗相切的较小球之一. 它们在 T 有公切线,且此切线在 T 的垂线通过这球和半球碗的球心 L 和 O.

点 P 是球面上的点且处于碗顶的水平面上,且 $\angle OPL$ 是直角.

设碗的半径是 r,则 $r = OL + LT = OL + 10$.

从 Rt$\triangle OPL$,我们也得到
$$OL^2 = OP^2 + PL^2 = OP^2 + 100 \qquad (1)$$

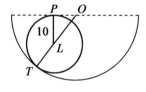

图 11

如图 12,考虑碗的从上往下看的俯视图. 点 P,Q 和 R 垂直地在这三个球的球心上面,构成一个等边三角形,以 O 作为它的中心. 设 S 是碗顶部一个点,垂直

18

地在其中心分别垂直地在 P 和 Q 下面的两个球的交点之上.

联结 OP 和 OS,则 $\angle OSP$ 是直角,且 $\angle OPS = 30°$.

因此
$$\frac{10}{OP} = \cos 30° = \frac{\sqrt{3}}{2}$$
$$OP = \frac{20}{\sqrt{3}}$$

再者由(1)得
$$OL^2 = \frac{400}{3} + 100$$
$$= \frac{700}{3}$$
$$OL = \frac{10\sqrt{7}}{\sqrt{3}}$$

因此
$$r = 10 + OL = 10\left(1 + \sqrt{\frac{7}{3}}\right)$$

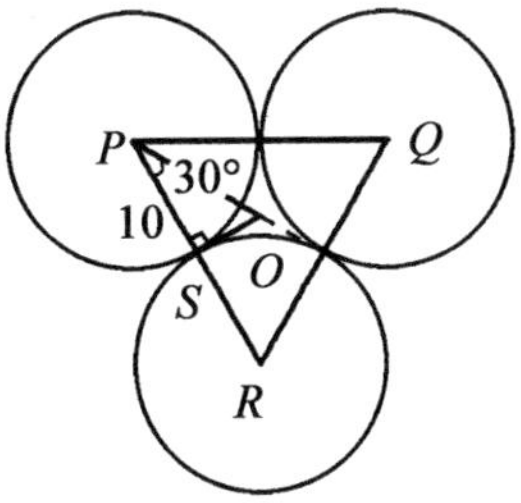

图 12 　　　　(B)

第2章 2000年试题

1. 10.04 - 4.05 等于(　　).

A. 6.99   B. 5.99   C. 5.09
D. 6.01   E. 6.09

解 10.04 - 4.05 = 5.99. 　　　(B)

2. $3x - (2x - x)$ 等于(　　).

A. 0   B. $3x - 2$ C. $2x$
D. $3x - 1$ E. $6x$

解 $3x - (2x - x) = 3x - x = 2x$. 　　　(C)

3. 火车于12:40从甲地出发,到乙地需时$4\frac{3}{4}$h,抵达乙地时为(　　).

A. 13:55   B. 14:25   C. 14:35
D. 14:55   E. 15:55

解 12:40 + 1:45 = 14:25. 　　　(B)

4. 在图1中,x的值等于(　　)

A. 10   B. 20   C. 30
D. 40   E. 50

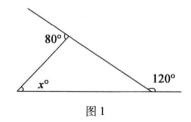

图1

20

第 2 章　2000 年试题

解　由图 2 得

$$x + 100 + 60 = 180, x = 20$$

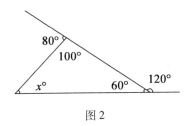

图 2

(B)

5. 以下哪一个不等于 $\dfrac{3}{4}$？( ).

A. $\dfrac{3+3}{4+4}$　　　　B. $\dfrac{3\times 2}{4\times 2}$　　　　C. $\dfrac{3\div 2}{4\div 2}$

D. $\dfrac{3^2}{4^2}$　　　　E. $\dfrac{15}{20}$

解　$\dfrac{3^2}{4^2} = \dfrac{9}{16} \neq \dfrac{3}{4}$，所有其他的式子都等于 $\dfrac{3}{4}$.

(D)

6. 当从 1 000 000 000 减去 10 101 时，答案中数字 9 出现多少次？( ).

A. 5　　　　B. 6　　　　C. 7

D. 8　　　　E. 9

解

```
  1 0 0 0 0 0 0 0 0 0 0
-         1 0 1 0 1
  ─────────────────────
      9 9 9 9 8 9 8 9 9
```

(C)

21

7. 81 的 3% 是与以下哪个数的 9% 是同样的？
( ).

A. 27   B. 54   C. 72
D. 90   E. 243

解 $81 \times 3\% = 81 \times \dfrac{3}{100} = \dfrac{3 \times 3 \times 27}{100} = \dfrac{9}{100} \times 27 = 27 \times 9\%.$ (A)

8. 在图 3 中，请问阴影区域的面积是多少平方单位？( ).

A. 80   B. 75   C. 60
D. 120   E. 90

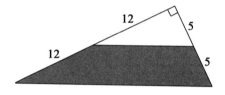

图 3

解 阴影部分的面积分别有直角边 10 和 24 以及 5 和 12 的两个直角三角形之差．于是阴影部分的面积是 $\dfrac{1}{2}(10 \times 24 - 5 \times 12) = 90$ 平方单位． (E)

9. 某数的 $\dfrac{3}{10}$ 比它的 $\dfrac{2}{7}$ 大 1，请问这个数是什么？
( ).

A. 30   B. 35   C. 42
D. 60   E. 70

解 设这个数是 x，则

第2章 2000年试题

$$\frac{3}{10}x = \frac{2}{7}x + 1$$

$$21x = 20x + 70$$

$$x = 70 \qquad\qquad (\text{ E })$$

10. 一枚火箭加上所载燃料共重 5 200 kg,当用掉 $\frac{1}{4}$ 的燃料后,火箭及剩下的燃料共重 4 600 kg,请问火箭净重多少千克?( ).

A. 2 600 kg　　B. 2 800 kg　　C. 2 400 kg

D. 1 800 kg　　E. 2 000 kg

解 设火箭重 r kg 且燃料重 f kg. 则

$$r + f = 5\,200 \qquad (1)$$

$$r + \frac{3}{4}f = 4\,600 \qquad (2)$$

$(1) - (2)$

$$\frac{1}{4}f = 600$$

$$f = 2400$$

于是,由(1)得

$$r = 2\,800 \qquad\qquad (\text{ B })$$

11. 按图4中所示的方法继续拼砌,请问用87根火柴棒共可以拼出多少个三角形?( )

A. 29 个　　B. 43 个　　C. 58 个

D. 86 个　　E. 87 个

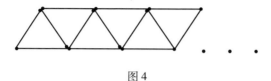

图4

解 第一个三角形需要3根火柴棒,以后每增加一个三角形需要再加2根火柴棒.

现在 $87 = 3 + 84 = 3 + 2 \times 42$,故有 $1 + 42 = 43$ 个三角形.　　　　　　　　　　　　　　　(B)

12. 某商店售卖收音机标价100元,店员减价10%优待参加竞赛的学生,打了折扣后需附加10%作为税金. 购买一台收音机实际应付的金额为(　　).

A. 80元 　　　B. 99元 　　　C. 100元

D. 101元 　　　E. 110元

解法1 开始的折扣是 $100 \times 10\% = 10$(元).

所以,税前价格是90元.

税金是90元的10%为9元.

因此,实际应付的金额为99元.　　　(B)

解法2 价格是 $100 \, 元 \times \dfrac{9}{10} \times \dfrac{11}{10} = 99 \, 元$.

13. 一座长为50 m,宽为20 m的游泳池,外围有2 m宽的走道,(即从走道的外围边到游泳池的最近距离都是2 m),请问走道的面积是多少平方米?(　　).

A. $(280 + 4\pi) \, m^2$　　B. $(280 + 2\pi) \, m^2$

C. $(140 + 2\pi) \, m^2$　　D. $(140 + 4\pi) \, m^2$

E. $(70 + 2\pi) \, m^2$

解 如图 5 所示,这条道路为四个矩形及四个 $\frac{1}{4}$ 圆. 于是该道路的面积是

$$(2 \times 50 \times 2) + (2 \times 20 \times 2) + (\pi \times 2^2)$$
$$= 280 + 4\pi$$

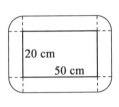

图 5

(A)

14. 一只蚂蚁位于边长为 1 m 的正立方体的一个顶点,沿着正立方体的棱爬行,而又回到原来的顶点且不许重复经过其他的任意一个点,请问蚂蚁可爬行的最长路径是多少米?(   ).

A. 4 m　　　　B. 6 m　　　　C. 7 m
D. 8 m　　　　E. 10 m

解 考虑图 6,由于每一顶点至多经过一次,可能的最大长度是一条这样的路径 *PQVUTWRSP*,所以最大长度是 8.

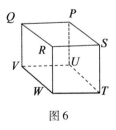

图 6

(D)

注 这种特殊类型的回路称为哈密尔顿回路,以数学家威廉·哈密尔顿(William Hamilton)命名.

15. 某人骑自行车由甲地到乙地拜访朋友,两地的距离为 24 km,去程为上坡,平均速度为 12 km/h,回程为下坡,平均速度为 36 km/h,请问往返行程的平均速度为每小时多少千米?( ).

A. 18 km/h   B. 20 km/h   C. 20.8 km/h

D. 24 km/h   E. 28.8 km/h

解 这骑自行车的人以 12 km/h 行驶开始的 24 km. 于是他花费 $\frac{24}{12} = 2$ h 到达那里.

在回程中,他的平均速度为 36 km/h,所以他花费的时间是 $\frac{24}{36}$ h,即 $\frac{2}{3}$ h.

这样他整个旅行花费 $2 + \frac{2}{3} = \frac{8}{3}$ (h).

于是平均速度是

$$2 \times 24 \div \frac{8}{3} = \frac{48 \times 3}{8} = 18(\text{km/h}) \qquad (\text{ A })$$

注 此题您不能将去程与回程的平均速度加起来除以 2. 只有当两段行程所行进的时间长度相同时才能这样做.

16. 将一张矩形的纸对折后再对折,剪成选项中图的形状. 然后将它展开,恢复成原来的样子,请问下列选项中哪一个是纸张上显示的图案?( ).

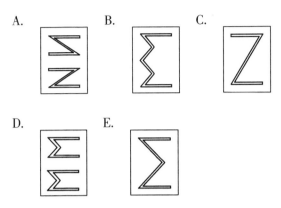

解 由于纸对折了两次,且剪裁的部分没有到达纸的任一外缘,所得到的割去部分必是两个全等的图形.展平一个折痕图形给出"$\sum$"似的形状,再展平一个折痕结果是两个这样的形状.　　(D)

注 如果折法是先上下对折再左右对折,其结果是"$\sum$"形状与它的镜像,这个图形均未出现在备选项中.

17. 一杯350 mL的橙汁饮品,质量百分数为50%,若想把质量百分数改为30%,请问需加入约多少毫升的水?( ).

A. 230 mL　　　　B. 200 mL　　　　C. 220 mL
D. 400 mL　　　　E. 420 mL

解法1 由于果汁是350 mL的50%,有175 mL果汁.如果这是新混合饮料中的30%,则

$$\frac{175}{总量} = 0.3$$

这样

$$\frac{175}{350 + 外加水} = 0.3$$

$$1\,750 = 3(350 + 外加水)$$

于是

$$外加水 = \frac{700}{3}$$

$$\approx 233 \qquad (\text{A})$$

解法 2 设需加水约 x mL,果汁的数量为

$$\frac{1}{2}(350) = \frac{3}{10}(350 + x)$$

则

$$5 \times 350 = 3(350 + x)$$

$$3x = 2 \times 350$$

$$x = \frac{2}{3} \times 350 \approx 233$$

18. 有多少个不同的正整数,它们的平方是 2 000 的因数?( ).

A. 3   B. 6   C. 10

D. 12   E. 20

解 现在 $2\,000 = 2^4 \times 5^3$. 所以整除 2 000 的数具有形如 $2^p 5^q$,其中 $0 \leq p \leq 4$ 和 $0 \leq q \leq 3$. 而且 $2^p 5^q$ 是一平方数当且仅当 p 和 q 是偶数,即当 $p = 0, 2, 4$ 和 $q = 0, 2$. 所以这些数的平方是 1, 4, 16, 25, 100 和 400, 而这些数本身是 1, 2, 4, 5, 10 和 20. (B)

19. 边长为 a 的正方形内接于一个圆,在正方形的边上分别向外画半圆,如图 7 所示. 请问图中阴影部分的四个新月形面积的和为多少?( ).

A. $\dfrac{\pi a^2}{4}$ B. $\dfrac{\pi a^2}{2}$ C. $\dfrac{a^2}{8}$

D. a^2 E. $\dfrac{a^2}{2}$

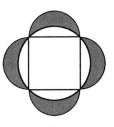

图7

解法1　四个新月形的面积是直径为 a 的四个半圆的面积减去大圆在正方形外的部分. 四个半圆的面积是

$$4 \times \dfrac{1}{2} \times \pi \times \dfrac{a^2}{4} = \dfrac{\pi a^2}{2}$$

由毕达哥拉斯,大圆直径是 $a\sqrt{2}$,且其面积是 $\dfrac{\pi a^2}{2}$.

于是所求面积是 $\dfrac{\pi a^2}{2} + a^2 - \dfrac{\pi a^2}{2} = a^2$　（ D ）

解法2　总面积是中央正方形的面积(a^2)加四个半圆的面积 $\left(4 \times \dfrac{1}{2}\pi\left(\dfrac{a}{2}\right)^2 = \dfrac{1}{2}\pi a^2\right)$，即 $a^2\left(1 + \dfrac{1}{2}\pi\right)$.

它也是内圆 $\left(\pi\left(\dfrac{a\sqrt{2}}{2}\right)^2 = \dfrac{1}{2}\pi a^2\right)$ 加四个新月形，所以四个新月形的面积是 $\left[a^2\left(1 + \dfrac{1}{2}\pi\right) - \dfrac{1}{2}\pi a^2\right] = a^2$.

20. 若我们只用数字来表示日期,则1999年1月1日可以写成1.1.1999. 这样的日期有一个特性,它是一连串相同的数字(此例中的数字1),之后有另外一连串相同的数字(此例中的数字9),除此之外,别无其他的数字,如果在1999年中有此特性的日子有 x 个,在2000年中有此特性的日子有 y 个,则 $x \times y$ 等于( ).

  A. 0   B. 2   C. 2

  D. 6   E. 8

解 在1999年,有四个这样的日子,1.1.1999,1.11.1999,11.1.1999 和 11.11.1999. 在2000年有两个这样的日子,2.2.2000 和 2.22.2000. 所以 $x = 4$ 和 $y = 2$,从而 $xy = 4 \times 2 = 8$.   (E)

21. 如图8所示,为两个全等的直角等腰三角形,若图(a)中三角形的内接正方形的边长为21 cm,请问图(b)中三角形的内接正方形的边长为多少厘米?( ).

  A. 18 cm   B. 21 cm   C. $\dfrac{21\sqrt{2}}{2}$ cm

  D. $21\sqrt{2}$ cm   E. $14\sqrt{2}$ cm

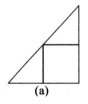 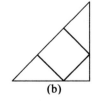

  (a)   (b)

图8

解 在图9中,较小的三角形也是等腰直角三角形.

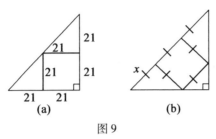

图9

较大的三角形显然有边42,42和$42\sqrt{2}$.

在图9(b)三角形中,得知正方形和较小的三角形中六条做记号的边都相等,令其长度为x. 因此$3x = 42\sqrt{2}$且

$$x = 14\sqrt{2} \quad\quad (\text{ E })$$

22. 32个连续正整数之和为2 000,则这些数中最大的是( ).

A. 33　　　　B. 42　　　　C. 77

D. 78　　　　E. 79

解 设这些数是$k, k+1, k+2, \cdots, k+31$,则

$$k + (k+1) + (k+2) + \cdots + (k+31) = 2\,000$$

$$32k + \frac{31}{2} \times 32 = 2\,000$$

$$32k = 2\,000 - (16 \times 31)$$

因此,$k = 47$.

最大数是$47 + 31 = 78$.　　　　(D)

23. 五位的数字牌由0至9的数字组成. 请问有多少个数字牌上下颠倒后,其数值仍然不变?其中数字9

上下颠倒后为6,数字6上下颠倒后为9,例如01810及91016是两个符合要求的数字牌.( ).

A. 36 个   B. 48 个   C. 72 个

D. 75 个   E. 125 个

解法1 一位数字牌的个数是3(1,0 和 8).

为得到3位数字牌的个数,我们能放一个1,0,8在开头和末尾,9放在开头且6放在末尾,和6在开头,9在末尾,给出$5 \times 3 = 15$种这样的组合.

对五位数字牌,我们能在开头和末尾放同样的数字,得出总数为$5 \times 5 \times 3 = 75$种这样的组合.

(D)

解法2 我们能放0,1,6,8,9在第一位置,且确定第五位.我们能再次在第二位这样做,且确定第四位.

我们能放0,1,8在第三位.所以有$5 \times 5 \times 3 = 75$种选择.

24. 两名运动员同时绕着400 m跑道进行10 000 m赛跑.已知有一位选手每60 s跑完一圈,另一位则每68 s跑完一圈.请问较快的选手会在第几圈超越较慢的选手?( ).

A. 6   B. 7   C. 8

D. 9   E. 10

解法1 现在
$$8 \times 60 = 480, 9 \times 60 = 540$$
$$7 \times 68 = 476, 8 \times 68 = 544$$

所以较快的选手在较慢的选手跑完8圈前4 s跑完了9圈.

因此较快的选手在他的第9圈上追上较慢的选手.

(D)

解法2　较快的选手的速度是 $\dfrac{400}{60}$ m/s,而较慢的选手是 $\dfrac{400}{68}$ m/s. 当较快选手比较慢选手多跑 400 m 时追上较慢者,那是在 t s 时间后

$$\dfrac{400}{60}t = \dfrac{400}{68}t + 400$$

$$\dfrac{t}{60} = \dfrac{t}{68} + 1$$

$$68t = 60t + 4\,080$$

$$8t = 4\,080$$

$$t = 510$$

较快者在 510 s 后追上较慢者,即在 $\dfrac{510}{60} = 8\dfrac{1}{2}$ 圈后,也即是在较快的选手的第9圈中.

25. 当 2 000 被正整数 N 除时,其余数是 5. N 的所有可能值的个数是(　　).

A. 2　　　　　　B. 6　　　　　　C. 8

D. 13　　　　　E. 16

解法1　当 2 000 被 N 除余数是 5 时,N 必须整除 1 995,且必须大于 5. 现在 1 995 的质因数由 1 995 = $3 \times 5 \times 7 \times 19$ 给出.

所以 N 的质数值是 7 和 19.

N 具有的两个(质)因数的值是

$3 \times 5, 3 \times 7, 3 \times 19, 5 \times 7, 5 \times 19, 7 \times 19$

N 具有的三个质因数的值是

$3 \times 5 \times 7, 3 \times 5 \times 19, 3 \times 7 \times 19, 5 \times 7 \times 19$

N 具有的四个质因数的值是 $3 \times 5 \times 7 \times 19$;

得出 $2 + 6 + 4 + 1 = 13$ 个值. (D)

解法 2 当 2 000 被 N 除余数是 5 时,N 必被 1 995 整除且必须大于 5. 现在 $1\ 995 = 3 \times 5 \times 7 \times 19$,所以 1 995 有 16 个因数,但有三个因数 $(1,3,5)$ 太小.

26. 有多少个正整数的值恰好等于它的数字和的 13 倍?( ).

A. 0 B. 1 C. 2
D. 3 E. 4

解 考虑这样的两位数 ab

$$10a + b = 13(a + b)$$
$$a + 4b = 0$$

所以,不可能有这样的两位数.

考虑三位数 abc

$$100a + 10b + c = 13(a + b + c)$$
$$87a = 3(b + 4c)$$
$$29a = b + 4c$$

$a = 1$ 得出可能的情形 $b = 9, c = 5; b = 5, c = 6$ 和 $b = 1, c = 7$.

$a \geq 2$ 是不可能的 $(b + 4c \leq 45 < 58 \leq 29a)$.

考虑四位数 $abcd$

$$1\ 000a + 100b + 10c + d = 13(a + b + c + d)$$
$$987a + 87b = 3(c + 4d)$$

显然,$a = 0$,因而没有这样的四位数或更高位的数.

第2章　2000年试题

仅有的数是 195,156 和 117.　　　　　　　（　D　）

27. 图 10 中有四条弦,每一条弦都把大圆分割成两个面积比例为 1:3 的区域,而且这些弦的交点是一个正方形的顶点. 这些弦把圆分割成 9 个区域,则区域 P 的面积与经过此正方形四个顶点的圆的面积之比为（　）.

A. $1:4$　　　　B. $1:\sqrt{2}$　　　　C. $1:2$

D. $1:\pi$　　　　E. $1:2\pi$

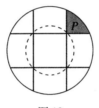

图 10

解　如图 11 所示,设这些区域的面积是 P,Q 和 S,且大圆面积是 A. 由于每条弦将这个圆的面积分割成比例 1:3,我们得

$$4P + 2Q = \frac{1}{2}A \tag{1}$$

$$2Q + S = \frac{1}{2}A \tag{2}$$

(1) - (2)

$$4P - S = 0$$

于是　　　　$P = \frac{1}{4}S$

$$= \frac{1}{4}x^2$$

35

这里 x 是正方形 S 的边长.

图 11

现在如果 r 是较小的(虚线的)圆的半径,则 $2r^2 = x^2$. 于是较小圆的面积是 $\pi r^2 = \frac{\pi}{2} x^2$.

于是面积 P 与较小圆的面积之比是

$$\frac{1}{4}x^2 : \frac{\pi}{2}x^2 = 1 : 2\pi \qquad (\text{ E })$$

28. 小明与小丽是畜牧场主人. 他们需要割分一些畜牧区(图12),把不同品种的牲畜分隔,但很不幸,他们居住的国家有一项(篱笆税),因此他们最多仅足以建造24道篱笆. 牲畜区的篱笆边数及形状不限, 但每道篱笆却必须是直线的,且仅能在交点处接合,请问他们最多可以围出多少个畜牧区?(   ).

A. 12 个   B. 13 个   C. 14 个
D. 15 个   E. 16 个

图 12

解 由于任一篱笆至多能是两个畜牧区的一部分,为了使围出的区域数最大,我们需要尽可能多的篱笆是两个畜牧区的篱笆.然而边界篱笆仅是一个畜牧区的一部分.这表明我们必须使边界篱笆数尽可能的小,因而边界将是一个三角形,即具有最小边数的多边形.

同理,我们能够用同样的篱笆数在其内部做出比其他多边形更多的三角形畜牧区.

于是我们试图找出一个三角形边界,用24个篱笆分成一些三角形以给出最大个数的畜牧区.两个可能的构形如图13所示,给出15个畜牧区. (D)

图13

29. 小娟有五个盒子,第一个盒子内有两个正方形及8个三角形;第二个盒子内有3个正方形及两个三角形;第三个盒子内有3个正方形及4个三角形;第四个盒子内有4个正方形及3个三角形;第五个盒子内有5个正方形及4个三角形.在盒子中的所有正方形及三角形的边长都相同.小娟想利用这些正方形及三角形沿着边粘贴成一些多面体.若每个多面体都必须由单一个盒子内的全部图形所组成,请问有多少个盒子符合要求?( ).

A.1个 B.2个 C.3个
D.4个 E.5个

解 为了做成多面体,任两个正方形或三角形配件的两边必须粘贴在一起构成这多面体的一条棱,所以一个盒子的诸配件的边的总数必须是偶数. 第一个盒子包含 32 条边,第二个盒子包含 18 条边,第三个盒子包含 24 条边,第四个盒子包含 25 条边,第五个盒子包含 32 条,所以第四个盒子不能构成多面体,因为它有奇数条边.

第一个盒子的配件构成一个正方体棱柱,第二个盒子的配件构成一个三角棱柱,第三个盒子的配件构成一个在三角棱柱顶面上粘贴一个四面体的多面体,第五个盒子的配件构成一个在立方体顶面上粘贴一个正方锥的多面体,这些多面体的图形如图 14 所示:

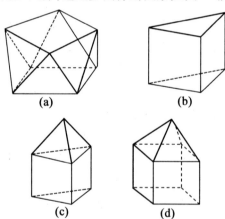

图 14

所以,有四种可能的多面体.　　　　　(D)

第3章 2001年试题

1. $50 - 30 \div 5$ 的值等于( )

A. 44　　　　B. 52　　　　C. 4

D. -40　　　E. 8

解　$50 - 30 \div 5 = 50 - 6 = 44$.　　(A)

2. $10 \div 0.2$ 等于( ).

A. 5　　　　B. 20　　　　C. 40

D. 50　　　　E. 500

解　$10 \div 0.2 = 100 \div 2 = 50$.　　(D)

3. 在图1中,x 等于( ).

A. 100　　　　B. 110　　　　C. 120

D. 130　　　　E. 160

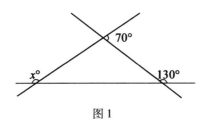

图1

解　如图2所示,x 是这个三角形的外角,且等于两不相邻内角和,所以 $x = 110 + 50 = 160$.

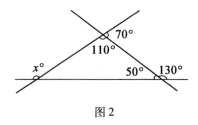

图2

(E)

4. 我想购买一件标价为 80 元的物品,若我获得降价 10% 的优惠,我需要付( ).

A. 70 元 B. 71 元 C. 72 元

D. 73 元 E. 75 元

解 80 元的 10% 是 8 元.因此,应付 72 元.

(C)

5. 图3中的三角形是绘制在单位长 1 cm 的格点纸上,请问此三角形的面积为多少平方厘米?( ).

A. 8 cm² B. $3\sqrt{2}$ cm² C. $7\dfrac{1}{2}$ cm²

D. $6\dfrac{1}{2}$ cm² E. 7 cm²

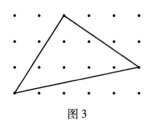

图3

解法 1 这个三角形的面积能考虑成 5×3 的矩形面积减去两个底为 2,高为 3 的三角形和一个底为 5

高为1的三角形的面积,因此,这个三角形面积是

$$15 - 3 - 3 - 2\frac{1}{2} = 6\frac{1}{2}$$

(D)

解法2 利用皮克(Pick)公式

面积 = 内点个数 + $\frac{1}{2}$(边界点个数) − 1

$$= 6 + \frac{1}{2}(3) - 1 = 6\frac{1}{2}$$

6. 一架客机以300 km/h的地面速度着陆,若它继续以这个速度滑行12 s,请问它共滑行了多少米?( ).

A. 1 000 m B. 600 m C. 300 m

D. 2 000 m E. 1 200 m

解 300 km/h 即 5 km/min 或 km/12 s(1 km = 1 000 m).

(A)

7. $1 + \dfrac{1}{1+\dfrac{1}{2}}$ 的值等于( ).

A. $\dfrac{3}{2}$ B. $\dfrac{7}{4}$ C. $\dfrac{5}{2}$

D. $\dfrac{5}{3}$ E. 2

解 $1 + \dfrac{1}{1+\dfrac{1}{2}} = 1 + \dfrac{1}{\dfrac{3}{2}} = 1 + \dfrac{2}{3} = \dfrac{5}{3}.$

(D)

8. 有一个两位数,它是两个相异的完全平方数之和,则这个两位数的最大值是( ).

A. 95　　　　　B. 96　　　　　C. 97
D. 98　　　　　E. 99

解 首先注意到 $97 = 9^2 + 4^2$. 假设 98 或 99 等于 $a^2 + b^2$,其中 $a > b$.则 $98 = 7^2 + 7^2$,我们必须有 $a = 8$ 或 $a = 9$.现在 $8^2 + 5^2 = 89$ 和 $8^2 + 6^2 = 100$,所以 $a \neq 8$.

又有 $9^2 + 5^2 = 106$,故 $a \neq 9$. 因此,最大的这样的数是 97. 　　　　　　　　　　　　　　　　(C)

9. 如果 2 001 元按比例 6:8:9 分配,最小的一份是( ).

A. 404 元　　　B. 414 元　　　C. 444 元
D. 486 元　　　E. 522 元

解 最小的一份是 $\dfrac{6}{6+8+9} \times 2\,001 = \dfrac{6}{23} \times 2\,001 = 522$(元). 　　　　　　　　　　(E)

10. 5 个连续奇数之和等于 105,则这些数中最大的是( ).

A. 21　　　　　B. 22　　　　　C. 23
D. 24　　　　　E. 25

解法 1 设这些数是 $n-8, n-6, n-4, n-2$ 和 n.则
$n-8+n-6+n-4+n-2+n = 5n-20 = 105$
因而 $n = 25$. 　　　　　　　　　　　　　　(E)

解法 2 这 5 个数的平均数是 21,所以最大的是 25.

11. 50 m 长的游泳池的长度必须准确至误差小于

3 cm. 对于一场 1 500 m 的游泳比赛,在最长可能的游泳池和在最短可能的游泳池中游泳,所游的距离相差多少米?(   ).

A. 0.45 m   B. 0.9 m   C. 1.8 m
D. 45 m   E. 90 m

解   游泳池最短可以是 49.97 m,而最长可以是 50.03 m,所以每一全程的最大差是 0.06 m. 30 个全程的差是 30 × 0.06 = 1.8 (m). (C)

12. 在英国的康瓦尔(Cornish)语中,对于 200 以下的数字读法都是采取 20 进制的. 如果 147 的读音 "seyth ha seyth ugnes". 而 49 的读音是 "naw ha dew ugens",那么读音是 "dew ha naw ugens" 指的是哪一个数?(   ).

A. 490   B. 92   C. 182
D. 184   E. 94

解   第一个例子是七个 20 和七个 1,所以 "seyth" 必须表示 7,且其他的词 "ugens" 和 "ha" 分别表示 1 和 20. 第二个例子中我们有两个 20 和九个 1,而在最后的词组中指示数字的两个词互换,所以我们必须有九个 20 和两个 1,且这数是 182. (C)

13. 在图 4 中,$PS = PQ$ 且 $QS = QR$. 如果 $\angle SPQ = 80°$,则 $\angle QRS$ 等于(   ).

A. 10°   B. 15°   C. 20°
D. 25°   E. 30°

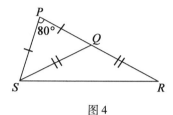

图4

解 显然,因 $\triangle PQS$ 是等腰的,$\angle PSQ = \angle PQS = \frac{1}{2}(180-80)° = 50°$,因此 $\angle SQR = 180° - 50° = 130°$.

最后,因 $\triangle QRS$ 是等腰的,所以 $\angle QRS = \angle QSR = \frac{1}{2}(180-130)° = 25°$. (D)

14. 如果 q 和 r 是正整数,若 $48q = r^2$,则 q 能有的最小值是( ).

A. 48   B. 12   C. 3

D. 2   E. 16

解
$$48q = r^2$$
$$2^4 \times 3 \times q = r^2$$

能使左边成为平方数的最小的 q 是3. (C)

15. 将12颗水果糖分给 A,B,C 三个人,每人至少分到3颗水果糖,请问共有多少种不同的分法?( ).

A. 9 种   B. 7 种   C. 8 种

D. 10 种   E. 12 种

解法1 我们可以想象9颗糖已分掉,于是还有3颗剩下的水果糖不带限制地进行分配.考虑这3颗水果糖分配的方式如表1:

表 1

A	B	C	方法数
3	0	0	1
2	1 或 0	0 或 1	2
1	2,1 或 0	0,1 或 2	3
0	3,2,1 或 0	0,1,2 或 3	4

共有 10 种方法.　　　　　　　　　　(D)

解法 2　水果糖能分成 3＋3＋6,有 3 种方法,或分成 3＋4＋5,有 6 种方法,或分成 4＋4＋4,有 1 种方法,给出总共 10 种方法.

16. 有一个直角等腰三角形的面积为 4,则这个三角形的周长为( ).

A. $4+3\sqrt{2}$　　　　B. $2(1+2\sqrt{2})$　　　C. 8

D. $4+2\sqrt{2}$　　　　E. $4(1+\sqrt{2})$

解　如图 5,设短边是 x.则斜边是 $\sqrt{2}x$

$$三角形面积 = \frac{1}{2}底 \times 高 = \frac{1}{2}x^2 = 4$$

于是

$$x = \sqrt{8} = 2\sqrt{2}$$

因此

$$周长 = x + x + \sqrt{2}x$$
$$= x(2+\sqrt{2}) = 4\sqrt{2} + 4 = 4(1+\sqrt{2})$$

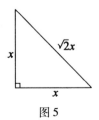

图 5

(E)

17. 考虑下列命题:令 m 为正整数,若 m 不是质数,则 $(m-2)$ 不是质数. 请问当 m 取下列哪一个值时,能证明这个命题是错的?( ).

A. 9 　　　　 B. 12 　　　　 C. 13

D. 16 　　　 E. 23

解 为了证明该命题是错的,m 必定不是质数,故 m 不是 13 或 23.

如果 $m=12$,则 m 不是质数且 $m-2=10$ 不是质数,故这个命题是正确的.

类似地,16 和 $16-2=14$ 两者都是合数.

然而如果 $m=9$(不是质数),则 $m-2=7$(质数),这使得该命题错误. 　　　　(A)

18. 一张音乐会的入场券,成人票价是 4.5 元,小孩票价是 3 元,若来听音乐会的成人及小孩总共有 120 位,门票总收入为 420 元. 请问来听音乐会的小孩有多少人?( ).

A. 40 人　　　 B. 50 人　　　 C. 60 人

D. 70 人　　　 E. 80 人

解法 1 设有 x 位儿童和 $120-x$ 位成人出席,则

$$3x+\frac{9}{2}(120-x)=420$$
$$6x+1\,080-9x=840$$
$$240=3x$$
$$x=80$$

(E)

解法2 如果所有120位出席音乐会的都是儿童,则总票价收入将是360元,它比已收入到的420元少60元,所以这差是由成人造成的,即 $\frac{60}{1.5}=40$ 位成人必须付出,所以有 $120-40=80$ 位儿童.

19. 数 m 满足下列条件:

(ⅰ) 24,42 及 m 中,任两个数的最大公因数都相同;

(ⅱ) 6,15 及 m 中,任两个数的最小公倍数也相同.

请问 m 的值是多少?(   ).

A. 10   B. 12   C. 15
D. 36   E. 30

解 我们有24和42的最大公因数 $\gcd(24,42)=6=\gcd(24,m)$. 所以 m 是6的奇数倍数.

6和15的最小公倍数 $\operatorname{lcm}(6,15)=30=\operatorname{lcm}(6,m)=m$, 如果6整除 m.

所以 $m=30$ 是仅有的可能的解,且易验证30满足所有条件.   (E)

20. 令 $\frac{s}{t}$ 为真分数,即 $s<t$ 且为最简分数. 若 t 的值可能为2到9, s 为正整数,请问可能有多少个不同的真分数?(   ).

A. 26   B. 27   C. 28
D. 30   E. 36

解 对 $t=2$ 时,有1个这样的分数, $\frac{1}{2}$;

对 $t=3$ 时,有两个,$\left(\dfrac{1}{3} 和 \dfrac{2}{3}\right)$;

对 $t=4$ 时,有两个,$\left(\dfrac{1}{4} 和 \dfrac{3}{4}\right)$;

对 $t=5$ 时,有 4 个,$\left(\dfrac{1}{5}, \dfrac{2}{5}, \dfrac{3}{5} 和 \dfrac{4}{5}\right)$;

对 $t=6$ 时,有两个,$\left(\dfrac{1}{6} 和 \dfrac{5}{6}\right)$;

对 $t=7$ 时,有 6 个,$\left(\dfrac{1}{7}, \dfrac{2}{7}, \dfrac{3}{7}, \dfrac{4}{7}, \dfrac{5}{7} 和 \dfrac{6}{7}\right)$;

对 $t=8$ 时,有 4 个,$\left(\dfrac{1}{8}, \dfrac{3}{8}, \dfrac{5}{8} 和 \dfrac{7}{8}\right)$;

对 $t=9$ 时,有 6 个,$\left(\dfrac{1}{9}, \dfrac{2}{9}, \dfrac{4}{9}, \dfrac{5}{9}, \dfrac{7}{9} 和 \dfrac{8}{9}\right)$.

总共给出 27 个. (B)

21. 有一位爱书人将他所有的藏书每 12 本绑成一捆,则还剩下两本;若每 9 本绑成一捆,则仍然还剩下两本.最后,他将所有的书每 7 本绑成一捆,则正好绑完,没有多余的书.请问这位爱书人的藏书最少有多少本?( ).

A. 少于 50 B. 50 和 100 之间 C. 100 与 150 之间
D. 150 与 200 之间 E. 多于 200

解 当 12 本一捆时剩两本,而 9 本一捆时剩两本.所以可能的本数是比 9 和 12 的最小公倍数的倍数多 2,即比 36 的倍数多 2,即

$$2, 38, 74, 110, 146, 182, 218, \cdots$$

这些数中第一个被 7 整除的是 182,所以最少有 182 本书. (D)

22. 通过点 $(0,0)$ 的直线将图 6 中所示阴影部分分割为面积相等的两部分, 则此直线之斜率为 ( ).

A. 0.25　　B. 0.5　　C. 1
D. 1.25　　E. 1.5

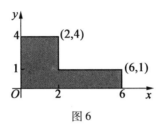

图 6

解 如图 7, $x \geq 2$ 的阴影部分的面积为 $4 \times 1 = 4$, 它等于 $y \geq 2$ 的阴影部分的面积 $2 \times 2 = 4$.

过 $(0,0)$ 将整个面积分成两半的直线必通过 $(2,2)$, 它将无阴影的正方形分成两半. 过直线必定是对角线, 它有斜率 1.

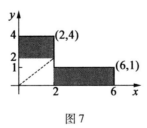

图 7

(C)

23. 两位数 ab (其中 a 与 b 代表数字) 可被 7 除尽. 若 ba 是将 ab 的两个数字对调 (例如, 31 变成 13), 下列叙述中 (Ⅰ) $5 \times b + a$, (Ⅱ) $3 \times a + b$, (Ⅲ) $ba + a$, 哪一

个仍恒可被7除尽?( ).

    A. 只有(Ⅰ)和(Ⅱ)　　B. 只有(Ⅱ)
    C. 只有(Ⅲ)　　　　　D. (Ⅰ)(Ⅱ)和(Ⅲ)
    E. 只有(Ⅰ)和(Ⅲ)

解 由于两位数 ab 被7整除，$10a + b = 7k$. 因而
$$5b + a = 5(7k - 10a) + a$$
$$= 35k - 50a + a = 35k - 49a$$
也能被整除.

又
$$3a + b = 3a + 7k - 10a = 7k - 7a$$
所以也被7整除.

此外
$$ba + a = 10b + a + a = 10(7k - 10a) + 2a$$
$$= 70k - 100a + 2a = 70k - 98a$$
它也被7整除，因此，所有三者都被7整除. (D)

24. 某种玩具汽车的遥控器只有一个按钮. 当按下按钮时，车子立刻停止，接着依顺时针方向旋转 $23°$，然后继续以等速行驶. 当这辆汽车开始移动后，最少需要按几次遥控器的按钮才可以使这辆车驶回到最初始的地点?( ).

    A. 7次　　　　　B. 8次　　　　　C. 10次
    D. 11次　　　　E. 12次

解 如图8，为了回到其出发点，该汽车必须转的角度加在一起不小于 $180°$，且这至少要8次转 $23°$ 才能做到，也需要对每转之间的距离做出精准的判断.

第3章 2001年试题

图8

(B)

25. 有四个数,每次从中挑选三个数,求其平均数再把第四个数加上,因为每次可留下一个不同的数不选,因此这样的操作有4种不同的方式. 已知得出的四个结果为17,21,23与29,请问原来的四个数中最大的数是多少?( ).

A. 12   B. 15   C. 21

D. 24   E. 29

解 设这些数是 a,b,c 和 d,则

$$\frac{a+b+c}{3}+d=17$$

$$a+b+c+3d=51 \qquad (1)$$

类似地

$$a+b+d+3c=63 \qquad (2)$$

$$a+c+d+3b=69 \qquad (3)$$

$$b+c+d+3a=87 \qquad (4)$$

(1)+(2)+(3)+(4),得

$$6a+6b+6c+6d=270$$

$$a+b+c+d=45 \qquad (5)$$

(1)-(5),得

51

$$2d=6, d=3$$

(2) - (5),得

$$2c=18, c=9$$

(3) - (5),得

$$2b=24, b=12$$

(4) - (5),得

$$2a=42, a=21$$

最大的数是 21.　　　　　　　　　　(C)

26. 一支登山探险队需要雇佣挑夫搬运食物及装备. 登山者的食物及装备约需 400 位挑夫来搬运,但是必须多雇佣一些挑夫来搬运挑夫们所需的食物及衣物. 已知一位挑夫可搬运 7 位挑夫的所需食物及衣物. 请问这个登山队最少需雇佣多少位挑夫?(　　).

A. $457\frac{1}{7}$ 位　　　　B. 458 位　　　　C. $466\frac{2}{3}$ 位

D. 467 位　　　　E. 500 位

解　因为每一位挑夫能运送 7 位挑夫的食物和衣服,每位挑夫有 $\frac{6}{7}$ 的负荷去运送登山者的装备. 因为登山者所需要由 400 位挑夫的负荷,所以所需挑夫的人数是大于或等于

$$\frac{400}{\frac{6}{7}} = \frac{7 \times 400}{6} = 466\frac{2}{3}$$

的最小整数,即 467.　　　　　　　　(D)

27. 在图 9 中,一个正方形内接于半径为 1 单位长

的$\frac{1}{4}$圆中,请问此正方形的面积为多少平方单位?
( ).

A. $\frac{5}{8}$ B. 0.75   C. $\frac{3}{8}$

D. 0.5   E. 0.4

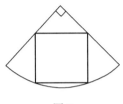

图9

解 如图10,设X是RS的中点,OX交PQ于Y且正方形的边长是$2a$.

则$XS = PY = OY = a$,且
$$OX = 3a$$
$$OS^2 = 1 = OX^2 + XS^2 = 9a^2 + a^2 = 10a^2$$

故$a^2 = \frac{1}{10}$,这个正方形的面积是$(2a)^2 = \frac{4}{10}$

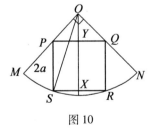

图10

(E)

28. P是一个2 002位数,它可被18整除. 若Q是

P 的数字和, R 是 Q 的数字和, S 是 R 的数字和, 请问 S 的值为多少?（　　）.

A. 9　　　　　B. 18　　　　　C. 180

D. 2 002　　　E. S 不能唯一确定

解　由于 P 由 2 002 位数组成, $Q \leqslant 2\,002 \times 9 = 18\,018$, 所以 Q 最多有 5 位数, 且类似地 $R \leqslant 5 \times 9 = 45$. 所以 R 的各位数字的和不超过 $3 + 9 = 12$.

由于 P 被 18 整除, 它也被 9 整除, 所以 Q 和 R 也被 9 整除. R 的各位数字之和 S 也被 9 整除, 又由于它不超过 12, 它等于 9.　　　　　　　　　　（　A　）

29. 如图 11, 箭头是由两个重叠的三角形构成. 若阴影 a 的面积占大三角形面积的 $\dfrac{13}{15}$, 阴影 b 的面积占小三角形面积的 $\dfrac{4}{5}$, 则阴影 b 部分的面积与阴影 a 部分的面积的比为（　　）.

A. 1∶3　　　　　B. 7∶15　　　　　C. 1∶2

D. 8∶13　　　　E. 12∶13

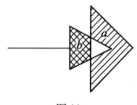

图 11

解法 1　设 L 是大三角形的面积, S 是小三角形的面积. 则

$$\frac{2}{15}L = \frac{1}{5}S$$

即

$$\frac{S}{L} = \frac{\frac{2}{15}}{\frac{1}{5}} = \frac{2}{3}$$

于是

$$\frac{\frac{4}{5}S}{\frac{13}{15}L} = \frac{12}{13} \times \frac{S}{L}$$

$$= \frac{12}{13} \times \frac{2}{3}$$

$$= \frac{8}{13} = 8:13 \qquad (\ D\ )$$

解法 2 设无阴影面积是 $2x$.

则小三角形的面积是 $5 \times 2x = 10x$ 而阴影部分是 $8x$.

大三角形的面积是 $\frac{15}{2} \times 2x = 15x$,且其阴影部分的面积是 $13x$. 于是两阴影面积之比是 $8x:13x = 8:13$.

30. 数 $2\,000 = 2^4 \times 5^3$ 是由 7 个质因子相乘而得,若 x 是大于 $2\,000$ 且是由 7 个质因子相乘而得的数中最小的一个数;y 是小于 $2\,000$ 且是由 7 个质因子相乘而得的数中最大的一个数. 请问 $x - y$ 的值是多少?
(　　).

A. 100　　　　B. 64　　　　C. 280

D. 203　　　　E. 96

解 现在 $2\,000 = 2^4 \times 5^3$. 由于 $3^7 = 2\,187$, 7 个质数之积如果比它小必含 2. (事实上, 因为 $2 \times 3^6 = 1\,458$ 和 $2 \times 3^5 \times 5 = 2\,430$, 似乎切题的数应包含几个 2.) 所以考虑接近于 $2\,000$ 的 2^4 的倍数.

	质数个数
$1\,984 = 2^4 \times 124 = 2^6 \times 31$	7
$2\,000 = 2^4 \times 125 = 2^4 \times 5^3$	7
$2\,016 = 2^4 \times 126 = 2^5 \times 3^2 \times 7$	8
$2\,032 = 2^4 \times 127$	5
$2\,048 = 2^4 \times 128 = 2^4 \times 2^7 = 2^{11}$	11
$2\,064 = 2^4 \times 129 = 2^4 \times 3 \times 43$	6
$2\,080 = 2^4 \times 130 = 2^5 \times 5 \times 13$	7

所以, 答案是小于 $2\,080 - 1\,984 = 96$.

为证明这些是正确的, 首先考虑 $2\,080$. 我们需要证明在 $2\,000$ 和 $2\,080$ 之间没有七个质数之积. 因为这样一个数必须被 2 整除, 这和证明 $1\,000$ 和 $1\,040$ 之间没有 6 个质数之积是同样的. 这样一个乘积必须包含 2 或 3 (因为 5^6 太大了). 假设它不包含 2, 则可能是 $3^6 = 729$ 和 $3^5 \times 5 = 1\,215$, 这两者都不适合, 所以这数必须是偶数, 且我们找一个五个质数之积在 500 和 520 之间. 再一次, 这个数必须被 2 或 3 整除. 如果不是偶数, 则可能的数是 $3^5 = 243, 3^4 \times 5 = 405, 3^4 \times 7 = 567$, 或 $3^3 \times 5^2 = 675$, 这些数都不适合. 所以我们要找 4 个质数之积在 250 与 260 之间. 再次, 这个数必须被 2 或 3 整除且可能的奇数是 $3^4 = 81, 3^3 \times 5 = 135, 3^3 \times 7 = 189, 3^3 \times 11 = 297, 3^2 \times 5^2 = 225$ 和 $3^2 \times 5 \times 7 = 315$,

所以,再一次这个积必须是偶数,且我们已经证明原来所求的积必须被 16 整除.

现在考虑 1 984. 我们现在找 7 个质数之积介于 1 984 和 2 000 之间,所以和以前一样,即找 6 个质数之积介于 992 和 1 000 之间. 如前这必是偶数,所以我们要找一个 5 个质数之积在 496 和 500 之间. 再一次这个数必是偶数,从而我们要找一个 4 个质数之积在 248 和 250 之间. 由于 249 = 3 × 83,这是不可能的,因而 1 984 是正确的. 因此答案是 2 080 − 1 984 = 96. (E)

第4章 2002年试题

1. 1.1×0.7 等于( ).

A. 77　　　　B. 7.7　　　　C. 0.77

D. 0.707　　E. 7.07

解 $1.1 \times 0.7 = 0.77$ 　　　　(C)

2. $4 \div \dfrac{1}{4} = ($ 　　).

A. 1　　　　B. 0　　　　C. $\dfrac{1}{16}$

D. 16　　　E. $4\dfrac{1}{4}$

解 $4 \div \dfrac{1}{4} = 4 \times \dfrac{4}{1} = 16$ 　　　　(D)

3. 在图1中, x 的值等于(　　).

A. 18　　　　B. 24　　　　C. 30

D. 36　　　　E. 40

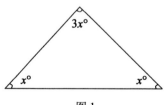

图1

解 $3x + x + x = 180$, 故 $5x = 180$ 即 $x = 36$.

(D)

第4章 2002年试题

4. 两家商店出售同品牌巧克力的售价分别为 111.4 元和 94.8 元. 则其售价之差为多少元?( ).

A. 17.4　　　B. 16.6　　　C. 17.6
D. 7.6　　　 E. 15.6

解 售价之差是 111.4 − 94.8 = 16.6.

(B)

5. 在 $\dfrac{\square}{8}$ 的 □ 内应填入以下哪个数,使此分数的值介于 6 和 7 之间( ).

A. 36　　　B. 40　　　C. 45
D. 50　　　E. 60

解 为了使分数 $\dfrac{\square}{8}$ 在 6 和 7 之间,□ 必须在 $6 \times 8 = 48$ 和 $7 \times 8 = 56$ 之间,而选项中只有 50 在这个范围中.

(D)

6. 下列哪一个数位于 $\dfrac{1}{4}$ 和 $\dfrac{1}{16}$ 的正中间?( ).

A. $\dfrac{5}{32}$　　　B. $\dfrac{1}{8}$　　　C. $\dfrac{5}{16}$
D. $\dfrac{1}{12}$　　　E. $\dfrac{7}{32}$

解 正中间的数是 $\dfrac{1}{2}\left(\dfrac{1}{4}+\dfrac{1}{16}\right) = \dfrac{1}{2} \times \dfrac{5}{16} = \dfrac{5}{32}$

(A)

7. 一块 20 m × 15 m 的矩形地面,欲用 15 cm × 20 cm 的瓷砖来铺满,则最少需要多少块瓷砖?( ).

A. 100　　　B. 1 000　　　C. 10 000

59

D. 100 000　　E. 1 000 000

解　矩形区域是 20 m × 15 m,且瓷砖是 20 cm × 15 cm. 我们能放 20 cm 边长的瓷砖 100 块使适合这长度,且 15 cm 宽的瓷砖 100 块也适合这宽度.

因此,所需瓷砖是 100 × 100 = 10 000 块.

（ C ）

8. 以下哪一项与 2^{100} 之值相同？(　　).

A. $4^5 × 2^{10}$　　B. 2^{101} 的一半　　C. $16^5 × 2^5$

D. $(2^3)^{97}$　　E. $2^2 + 2^{98}$

解　A 是 $4^5 × 2^{10} = 2^{10} × 2^{10} = 2^{20}$；

B 是 $\dfrac{1}{2} × 2^{101} = 2^{100}$；

C 是 $16^5 × 2^5 = 2^{20} × 2^5 = 2^{25}$；

D 是 $(2^3)^{97} = 2^{291}3$；

E $2^2 + 2^{98} < 2^2 × 2^{98}$.　　（ B ）

9. 如图 2,$\angle PQR = 138°$,SQ 垂直于 QR 且 QT 垂直于 PQ. $\angle SQT$ 的大小是(　　).

A. 42°　　　B. 64°　　　C. 48°

D. 24°　　　E. 21°

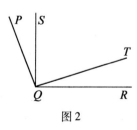

图 2

解　如图 3,设 $\angle PQS = x°$. 则 $\angle SQT = 90° - x°$,

且 $\angle TQR = x°$.

$$90° + x° = 138°, 即 x = 48$$
$$\angle SQT = 90° - x° = 42°$$

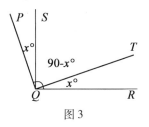

图3

(A)

10. 有一种药,对小孩而言,体重每 3 kg 须要 2.5 mg 的剂量,则对一个体重为 16.5 kg 的小孩,正确的用药剂量为多少毫克?( ).

A. 11.5 mg　　B. 13.75 mg　　C. 14.25 mg

D. 13.5 mg　　E. 18.75 mg

解　这个剂量是 $\dfrac{16.5}{3} \times 2.5 = 5.5 \times 2.5 = 13.75$.

(B)

11. 在甲、乙两地之间,有一段 5 km 长的铁路正在施工,使得行驶其间的列车时速限制从 100 km/h 减至 75 km/h. 请问列车行驶施工路段须增加多少分钟?( ).

A. 1 min　　B. 2 min　　C. 3 min

D. 4 min　　E. 5 min

解　行驶这个路段原需时间为 $\dfrac{5 \times 60}{100} = 3$ min.

现在需时 $\frac{5\times 60}{75}=4$ min,那么增加的时间是 $4-3=1$(min). (A)

12. 一个皮球从高 32 m 处下坠,每次反弹的高度都是上一次高度的一半,经过连续 5 次的反弹后在到达最高处把它提住.请问这个皮球全程共移动了多少米?( ).

A. 63 m   B. 93 m   C. 94 m
D. 125 m   E. 126 m

解 总距离是
$32+(2\times 16)+(2\times 8)+(2\times 4)+(2\times 2)+1=93$
(B)

13. 假若 1 澳元可兑换 0.55 美元.一位澳大利亚游客在美国付了 200 澳元买一个价值 100 美元的物品,请问应该找回多少美元?( ).

A. 5 美元   B. 10 美元   C. 15 美元
D. 20 美元   E. 25 美元

解 这位澳大利亚游客的钱是 $200\times 0.55=2\times 55=110$(美元).所以他应得到找还的 10 美元.
(B)

14. 请问有多少种不同的矩形,它的边长是整数,且周长是 36 单位长?( ).

A. 6 种   B. 7 种   C. 8 种
D. 9 种   E. 10 种

解 周长是 36,因而两邻边之和是 18.可能的边长是 1 和 17;2 和 16;…;9 和 9,给出 9 种可能. (D)

第4章　2002年试题

15. 将一张大小为 10 cm × 10 cm 的正方形纸片,依图4所示方式折叠及剪裁后再展开.

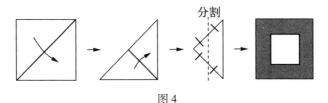

图4

请问内部的正方形(无阴影部分)面积是多少平方厘米?(　　).

A. 50 cm² 　　B. 25 cm² 　　C. 75 cm²
D. 12.5 cm² 　　E. 40 cm²

解　由于切割将最后对折中的两边分成两半,切去的正方形的边长是原正方形的一半.

较小正方形的面积因而是较大正方形面积的 $\frac{1}{4}$,即 $\frac{1}{4} \times 100 = 25$. 　　　　　　　　(B)

16. 有一个24 h制的数字钟显示的范围从 00:00 到 23:59.请问在一天之中有多少次钟面显示的数出现回文数?(一个回文数是指这个数由正向读起来与由逆向读起来数值都相同,例如: 02:20, 23:32 …) (　　).

A. 12 次 　　B. 16 次 　　C. 17 次
D. 18 次 　　E. 20 次

解　回文数是

00:00　　10:01　　20:02

01:10	11:11	21:12
02:20	12:21	22:22
03:30	13:31	23:32
04:40	14:41	
05:50	15:51	

总共 16 个.   (B)

17. 在图 5 中, 正方形 $PQRS$ 和等边 $\triangle STR$ 等在同一平面上. $\angle PTQ$ 是( ).

A. $15°$ B. $22°30'$ C. $30°$

D. $36°$ E. $40°$

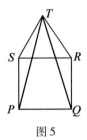

图 5

解 因 $RT = RS = QR$, $\triangle QRT$ 是等腰三角形.

因为

$$\angle QRT = \angle QRS + \angle SRT = 90° + 60° = 150°$$

所以

$$\angle RTQ = \frac{1}{2}(180° - \angle QRT) = 15°$$

类似地, $\angle PTS = 15°$.

于是

$$\angle PTQ = \angle RTS - \angle RTQ - \angle PTS$$
$$= 60° - 15° - 15°$$

18. 有一位农夫最近非常烦恼．因为有一条4 m宽的道路穿过他的矩形牧场,把牧场分成两个区,他也因而失去部分的土地．图6中,所标示的长度单位均为米,请问他失去的土地为多少平方米?( ).

A. 120 m²   B. 150 m²   C. 160 m²
D. 200 m²   E. 250 m²

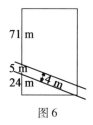

图6

解 如图7所示,由边界画一条与路的两边垂直的线．这构成一个斜边为5、另一边为4 的直角三角形,故剩下的一边为3.

这个三角形相似于在这条路下方的三角形,故 $\dfrac{24}{x} = \dfrac{3}{4}, x = 32$. 失去的土地面积是那个平行四边形的面积,即是

$$高 \times 底 = 32 \times 5 = 160$$

图7

(C)

19. 将数字 1 至 7 逐一填入图 8 的方格内,使得水平方向的 3 个方格内的数字和与每个垂直方向的 3 个方格内的数字和都相等. 数字 1 及 2 已被填入图中的格子内,请问 x 可以有多少个不同的值?(　　).

A. 1 个   B. 2 个   C. 3 个
D. 4 个   E. 5 个

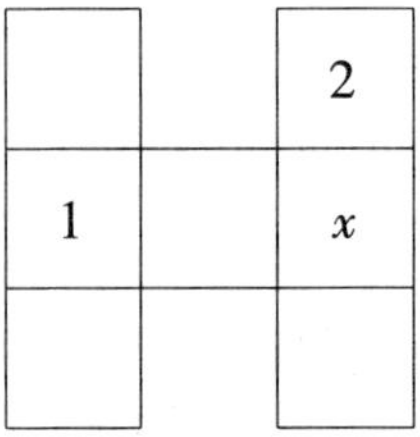

图 8

解 从 1 至 7 这七个数的总和是 28,因此三条线上的数的和是 $29 + x$,因为 1 和 x 计算了两次. 所以 $29 + x$ 必是 3 的倍数,因此 x 的仅有的可能值是 4 和 7,因为 1 已经用掉.

我们现在必须检验用 x 的这两个值可能完成图 9.

当 $x = 4$,每条线之和是

$$\frac{1}{3}(29 + 4) = 11$$

当 $x = 7$,每条线之和是

$$\frac{1}{3}(29 + 7) = 12$$

3		2	
1	6	4	
7		5	

(a)

5		2	
1	4	7	
6		3	

(b)

图9

两者都行.　　　　　　　　　　　　　　(B)

20. 某画廊拨出部分收入作为一项展览活动第一、第二及第三名的奖金,这些奖金被依5:4的比例分成两部分,较多的那一份作为第一名的奖金;较少的那一份又再被依5:4的比例分成两部分,分别作为第二及第三名的奖金. 已知第三名的奖金比第一名的奖金少290元,请问第二名的奖金是多少元?(　　).

A. 100元　　　B. 200元　　　C. 300元

D. 400元　　　E. 500元

解法1　设第三名的奖金是x元,则第二名的奖金是$\frac{5}{4}x$元,而第一名的奖金是

$$\frac{5}{4}\left(\frac{5x}{4}+x\right)=\frac{45x}{16}$$

那么

$$\frac{45x}{16}-x=290$$

$$29x=16\times 290$$

$$x=160$$

第二名的奖金是

$$\frac{5}{4} \times 160 = 200(元)$$

(B)

解法 2 对各奖金的给定的比例是

一等奖:二等奖:三等奖　　二等奖 + 三等奖

5　　　　　　　　　　　4

　　5　　4　　　　　9

4 和 9 的最小公倍数是 36.

所以等价的比例是 45 : 20 : 16 : 36.

或 5 : 4 = 45 : 36 = 45 : (20 + 16).

因此,这笔钱分成 45 + 36 = 81 等份,290 元是 45 - 16 = 29 份.

于是每一份是 290 元 ÷ 29 = 10 元.

所以二等奖是每份为 10 元的 20 份,即 200 元.

21. 下面这个乘式中,$PQRS$ 是一个四位数,且 P, Q, R 及 S 分别为不同的数字. 下列哪个叙述不正确? (　).

$$\begin{array}{r} P\ Q\ R\ S \\ \times \qquad\quad 9 \\ \hline S\ R\ Q\ P \end{array}$$

A. $PQRS$ 可被 9 整除　　B. $P = 1$　　C. $Q = 0$

D. $R = 7$　　E. $S = 9$

解 数字 P 必定是 1,因为 $9 \times P < 10$. 这样 S 必定是 9,且从 $9 \times Q$ 不能有进位,所以 $Q = 0$(它不能是 1). 然后 $9 \times R$ 必须比 10 的倍数小 8,所以 R 是 8,且这乘式

第4章 2002年试题

$$\begin{array}{r} P\ Q\ R\ S \\ \times \qquad 9 \\ \hline S\ R\ Q\ P \end{array}$$

显然 $R \neq 7$.

$$\begin{array}{r} 1\ 0\ 8\ 9 \\ \times \qquad 9 \\ \hline 9\ 8\ 0\ 1 \end{array}$$

(D)

22. 在下午3:00,长针与短针之夹角为90°,请问经过十分钟后,两针所夹的锐角为几度?(   ).

A. 45°   B. 30°   C. 35°

D. 17.5°   E. 70°

解 在下午3时两针之间的角是90°.

十分钟内,分针将向时针移动 $\dfrac{10}{60} \times 360 = 60°$.

十分钟内,时针将向前移动 $\dfrac{1}{6} \times \dfrac{1}{12} \times 360 = 5°$.

因此两针之间的角是 $90 + 5 - 60 = 35°$.

(C)

23. $1 + 11 + 111 + \cdots + \underbrace{111\cdots111}_{2\,002\text{位数}}$ 的和的最后5个数是什么?(   ).

A. 11012   B. 54321   C. 10101

D. 21212   E. 01012

解 有个位数的一竖列有2 002个1,在十位数的一列有2 001个1,如此继续,而且加式如下

69

```
            2  0  0  2
         2  0  0  1
      2  0  0  0
   1  9  9  9
1  9  9  8
———————————————
·  ·  ·  0  1  0  1  2
```

于是最后 5 位数是 01012.   (E)

24. 将 120 个 5 分硬币排成一列,每次操作从头开始,第一次操作将硬币两个两个一数,然后将数到二的硬币用 1 角硬币替换;第二次操作将硬币三个三个一数,然后将数到三的硬币用 2 角硬币替换;第三次操作将硬币四个四个一数,然后将数到四的硬币用 5 角硬币替换;第四次操作将硬币五个五个一数,然后将数到五的硬币用 1 元硬币替换. 请问经过上述操作后这一列 120 个硬币为多少元?( ).

A. 40 元   B. 44 元   C. 44.40 元

D. 46 元   E. 48 元

解法 1 我们开始用 120 个 5 分硬币,放置 1 角硬币后,还有 60 个剩下,放置 2 角硬币后,还有 40 个剩下,放 5 角硬币后还有 40 个剩下(由于 5 角硬币替换了 1 角硬币),且放 1 元硬币后(由于这 40 个中有 8 个被 5 整除),剩下 32 个 5 分硬币.

类似地,对于 1 角硬币,我们依次得到 60, 40, 20 和 16 个剩下:

对于 2 角硬币,我们得到 40, 30, 24 个剩下;

对于 5 角硬币,我们得到 30, 24 个剩下;

对于 1 元硬币,我们得到 24 个.

于是总钱数按元计算是

$32 \times 0.05 + 16 \times 0.10 + 24 \times 0.20 +$
$24 \times 0.50 + 24 \times 1 = 44.00(元)$ (B)

解法2 先放1元硬币,再放5角硬币且如此继续下去,对前面30个位置我们得到表1:

表1

位置	1	2	3	4	5	6	7	8	9	10
硬币	5分	1角	2角	5角	1元	2角	5分	5角	2角	1元
位置	11	12	13	14	15	16	17	18	19	20
硬币	5分	5角	5分	1角	2角	5角	5分	2角	5角	1元
位置	21	22	23	24	25	26	27	28	29	30
硬币	2角	1角	5分	5角	1角	1角	2角	5角	5分	1元

从31到60与从29开始反方向得到的模式相同,且从61到120的硬币与从1到60的硬币相同. 所以得出结果表2:

表2

硬币	个数	价值
1元	6×4	24.00
5角	6×4	12.00
2角	6×4	4.80
1角	4×4	1.60
5分	8×4	1.60
	总计	44.00元

25. 一个4×4的反幻方是指将数1~16填入4×4方格内,使得每列上、每行上、每条对角线上的数之和,经排序后恰好形成十个连续的正整数. 如图10是一个尚未完成的反幻方. 请问"＊"号所在方格内应填入的数为几?(   ).

A. 1   B. 2   C. 8
D. 15   E. 16

		*	14
	9	3	7
	12	13	5
10	11	6	4

图 10

解 最右边的一列和已完成的主对角线的和分别是 30 和 39,所以那十个相继数必须包含 30 到 39 的数. 左上角顶点的数必须是 8,因为 1 或 2 会使这对角线和太小(27 或 28 太小),且 15 或 16 会使它太大(41 或 42).

已知的和数是 30,31,34 和 39,而仍然要填的数是 1,2,15 和 16.

我们推断第二行最左边的数不能是 1,2 或 15,因为这些数将使这行的总和分别为 20,21 和 34."*"处必须放 15,因为 1 或 2 在该位置将使得这列总和为 23 或 24,而这两个数太小.

完成的反幻方如图 11 所示:

8	1	15	14
16	9	3	7
2	12	13	5
10	11	6	4

图 11

(D)

26. 有一座城堡的城墙围成四边形 $PQRS$ 的形状,如图 12 所示,其中 $PQ = 40$ m, $QR = 45$ m, $RS = 20$ m,

$SP = 20\text{ m}$,且 $\angle PSR = 90°$,有一名卫兵在城墙外,依顺时钟方向沿着与城墙最近的距离保持为 2 m 的路径上巡逻,绕一圈后回到原出发点.请问他总共走了多少米?( ).

A. $(125 + 4\pi)\text{m}$ B. $(121 + 5\pi)\text{m}$ C. $(125 + 5\pi)\text{m}$
D. $(121 + 6\pi)\text{m}$ E. $(125 + 6\pi)\text{m}$

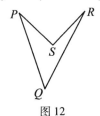

图 12

解 城堡的顶点是 P, Q, R 和 S,卫兵的巡逻路线有如图 13 的形状 $ABCDEFGA$,其中 $AB \mathbin{/\mkern-6mu/} PS, BC \mathbin{/\mkern-6mu/} SR, DE \mathbin{/\mkern-6mu/} QR, FG \mathbin{/\mkern-6mu/} QP, AP \perp PS, CR \perp SR, DR \perp QR, EQ \perp RQ, FQ \perp QP, GP \perp PQ$.

又 GA, CD, EF 是半径为 2 的圆的弧且使得
$$\angle GPA + \angle CRD + \angle EQF = 450°$$
所以这巡逻的长度是
$$18 + 18 + 45 + 40 + 5\pi = 121 + 5\pi$$

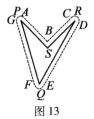

图 13

(B)

27. 如图 14,在矩形 $PQRS$ 中,$PQ = 49, PS = 100$,现将它分割为 4 900 个边长为 1 的小正方形,若 T 是

QR 上的一点，$QT = 60$. 请问在这 4 900 个正方形中有多少个正方形被直线 PT 和 TS 通过其内部？(　　).

A. 192　　　　B. 196　　　　C. 198
D. 200　　　　E. 202

```
Q         T         R



P                   S
```
图 14

解　对于被 PT 切割其公共边的每两个正方形，将它们的中心连接起来．由于 $PQ = 49$，$QT = 60$，且 49 和 60 的最大公因数是 1，直线 PT 除了点 P 和 T 之外不经过其他正方形的顶点．

所以连接被 PT 切割的正方形的中心的折线 L 开始于最接近 P 的正方形的中心，终止于最接近 T 的正方形的中心，它是由长度为一条平行于 PQ 或 QT 的线段所构成(图 15)．所以 L 由 48 条长度为 1 的垂直线段和 59 条长度为 1 的水平线段组成．

所以 L 的长度是 $48 + 59 = 107$．由此推断出 108 个正方形被 PT 所切割，类似地 $49 + 40 - 1 = 88$ 个正方形被 TS 切割．因此，被切割的正方形总个数是 $108 + 88 = 196$．

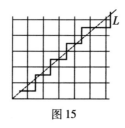

图 15

第4章 2002年试题

(B)

28. 已知 $1+2+3+45+6+78+9=144$. 若只允许将 $1,2,3,4,5,6,7,8,9$ 中某些数字依序合并为一数及添上加法符号,请问还有多少种其他不同的方法可以将它们组成和为 144 的等式?( ).

A. 1 种　　　　B. 2 种　　　　C. 3 种

D. 4 种　　　　E. 5 种

解　包括一个三位数的最小和是
$$123+4+5+6+7+8+9>144$$
所以这个和只包括一位数和两位数.

在两个相继数 n 和 $n+1$ 之间去掉加号增加总和 $9n(10n+n+1-(n+n+1)=9n)$,例如 $3+4$ 换成 34 增加总和 27,它是 3×9. 现在 $1+2+3+4+5+6+7+8+9=45$. 为了得到总和 144,我们需要增加 99,即 11×9.

从给定的例子出发,$3+4$ 换成 34,再 $8+9$ 换成 89,就能做到,即得
$$1+2+34+5+6+7+89=144$$
或 $1+2,3+4$ 和 $7+8$ 换成 $12,34$ 和 78 得到
$$12+34+5+6+78+9=144$$
或 $1+2,4+5$ 和 $6+7$ 换成 $12,45$ 和 67 得到
$$12+3+45+67+8+9=144$$

没有增加总和 11 个 9 的其他方法,例如在同样的等式中不可能把 $5+6$ 换成 56 且同时把 $6+7$ 换成 67.

于是,另外的方法是 3 种.　　　　　　(C)

第5章 2003年试题

1. 以下哪一个值最接近于9?(   )

A. 9.2   B. 8.17   C. 8.7

D. 9.21   E. 8.71

解 与9的差是0.2,0.83,0.3,0.21和0.29.

(A)

2. $\dfrac{4 \times 8}{4 + 8}$ 等于(   ).

A. $\dfrac{1}{2}$ B. 1   C. 2

D. $2\dfrac{2}{3}$ E. $1\dfrac{1}{3}$

解 $\dfrac{4 \times 8}{4 + 8} = \dfrac{32}{12} = \dfrac{8}{3} = 2\dfrac{2}{3}.$ (D)

3. 有一个数加上它的 $\dfrac{1}{3}$ 所得的结果为36,则这个数为(   )

A. 9   B. 18   C. 27

D. 15   E. 24

解 如果这数是 x,则这数加它自身的 $\dfrac{1}{3}$ 是

$$x + \dfrac{x}{3} = \dfrac{4x}{3}$$

于是 $\dfrac{4x}{3}=36, x=\dfrac{3\times 36}{4}=27.$ （C）

4. $5x-3-(3-5x)$ 等于( ).

A. 0　　　　B. $10x$　　　　C. 6

D. $10x-6$　　E. $6x$

解 $5x-3-(3-5x)=5x-3-3+5x=10x-6.$ （D）

5. 已知一个三角形有两个边的边长分别为 5 cm 和 7 cm. 则第三边的边长不可以是( ).

A. 11 cm　　B. 10 cm　　C. 6 cm

D. 3 cm　　　E. 1 cm

解 由于三角形的任意两边之和大于第三边, 而 1 不可能是这个三角形的一边, 因为 $1+5\not>7$, 而所有其他的与 5 和 7 的组合都满足三个三角形不等式.

（E）

6. 在图 1 中, 数线上, 0.12 所在的位置应该在哪里?( ).

A. S 的右边　　B. R 和 S 之间　　C. Q 和 R 之间

D. P 和 Q 之间　　E. P 的左边

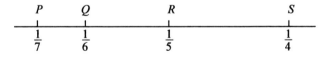

图 1

解 由于 $\dfrac{1}{7}\approx 0.14, \dfrac{1}{6}\approx 0.17, \dfrac{1}{5}=0.2$ 和 $\dfrac{1}{4}=0.25$, 故 0.12 必须位于 P 的左边. （E）

7. 请问以下哪一项对 n 的任一整数值都不能是偶数?(　　).

A. $2n$ 　　　　B. $3n+2$ 　　　　C. $4n+1$

D. $2(n-1)$ 　　E. $2(n+1)^2$

解　对所有 n,$2n$ 是偶数,故 $2n+1$ 总是奇数,所有其他的可以是偶数. 　　　　　　　　(C)

8. 小杰到拉脱维亚旅游,已知拉脱维亚的货币 1 拉元等于 1.50 美元,而 1 澳元等于 0.60 美元. 则 1 拉元等于(　　).

A. 1.80 澳元　　B. 2.50 澳元　　C. 2.75 澳元

D. 2.00 澳元　　E. 3.00 澳元

解　1 拉元等于 1.50 美元,也等于

$$1.5 \div 0.60 = 2.50(澳元) \quad (B)$$

9. 小丽购买 4 个双球及两个单球的冰淇淋共付了 16 元. 第二天,她又购买了两个双球及 4 个单球的冰淇淋,共付了 14 元. 请问一个双球的冰淇淋价格是多少?(　　).

A. 1.50 元　　B. 2.00 元　　C. 2.50 元

D. 3.00 元　　E. 3.50 元

解法1　设一个单球冰淇淋的价格为 x,一个双球冰淇淋的价格为 y,则 $2x+4y=16$ 而 $4x+2y=14$. 第一个方程等价于 $4x+8y=32$,再减去第二个方程给出 $6y=18$,或 $y=3$. 　　　　　　　(D)

解法2　容易注意到每个双球冰淇淋使价格增加 1 元,所以 $y=x+1$,给出 $6x+2=14$ 或 $6x+4=16$,任一方法都给出 $x=2$ 和 $y=3$.

10. 甲、乙、丙、丁四人依 2∶3∶5∶6 的比例分配 480 元．请问乙可分配到多少元？(　　)．

A. 90 元　　　　B. 30 元　　　　C. 60 元

D. 120 元　　　E. 150 元

解　由于各份是按比例

$$甲∶乙∶丙∶丁 = 2∶3∶5∶6$$

乙的一份是总数的 $\dfrac{3}{2+3+5+6} = \dfrac{3}{16}$，即是 $\dfrac{3}{16} \times$ 480 元 = 90 元．

(　A　)

11. 在图 2 中，请问有阴影的正方形与最大的正方形面积之比为多少？(　　)．

A. 2∶5　　　　B. 29∶49　　　C. 4∶25

D. 25∶49　　　E. $\sqrt{29}∶49$

图 2

解　较大正方形的面积是 $7^2 = 49$ 平方单位．阴影部分的面积是大正方形面积减去四个底为 5，高为 2 的三角形的面积．故阴影部分的面积是

$$49 - \left(\dfrac{1}{2} \times 2 \times 5\right) = 49 - 20 = 29$$

所以，这个比是 29∶49．

(　B　)

12. 如果 ✻ 表示 $\dfrac{ab}{c}+\dfrac{bc}{a}+\dfrac{ac}{b}$，则 $4✻\genfrac{}{}{0pt}{}{12}{3}$ 的值是（   ）

A. 26   B. 16   C. 10

D. 9   E. 1

解 由于 ✻ 即是 $\dfrac{ab}{c}+\dfrac{bc}{a}+\dfrac{ac}{b}$，$4✻\genfrac{}{}{0pt}{}{12}{3}$ 的值是

$$\dfrac{4\times 12}{3}+\dfrac{12\times 3}{4}+\dfrac{4\times 3}{12}=16+9+1=26$$

（ A ）

13. 将光投射在一片玻璃上,有 20% 的红色光会被吸收. 请问至少要放置多少片玻璃才可使穿透的红色光不大于原来强度的 $\dfrac{1}{2}$？(   ).

A. 3 块   B. 4 块   C. 5 块

D. 6 块   E. 7 块

解 用一块玻璃,光的 $\dfrac{4}{5}$ 穿透；

用两块, $\left(\dfrac{4}{5}\right)^2=\dfrac{16}{25}$ 穿透；

用 3 块, $\left(\dfrac{4}{5}\right)^3=\dfrac{64}{125}>\dfrac{1}{2}$ 穿透；

但是用 4 块 $\left(\dfrac{4}{5}\right)^4=\dfrac{256}{625}<\dfrac{1}{2}$ 穿透,故至少需要用 4 块.

（ B ）

14. 请问将 $\dfrac{3}{7}$ 化为小数时,小数点后面第 2003 位上的数字是什么？(   ).

A. 2   B. 8   C. 5

D. 7　　　　E. 1

解　$\dfrac{3}{7} = 0.\dot{4}2857\dot{1}\,428\,571\,428\,571\cdots = 0.\overline{428\,571}$

且 $2\,003 = 333 \times 6 + 5$，所以第 $2\,003$ 个数字是 $428\,571$ 的第 5 个数，即 7.　　　　　　　　　　（ D ）

15. 在图 3 中，每一个正三角形的边长都是中间那个正六边形边长的两倍．请问正六边形的面积占六个正三角形面积总和的几分之几?（　　）.

A. $\dfrac{1}{6}$　　　　B. $\dfrac{1}{12}$　　　　C. $\dfrac{3}{4}$

D. $\dfrac{1}{4}$　　　　E. $\dfrac{2}{3}$

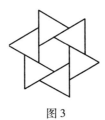

图 3

解　如图 4，每个三角形包含四个边长等于六边形边长的较小等边三角形，这个六边形由六个小三角形构成。

因此，正六边形的面积占六个正三角形面积总和的

$$\dfrac{6}{6 \times 4} = \dfrac{1}{4}$$

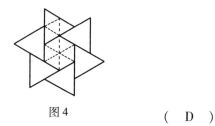

图4
(D)

16. 父母带着两个小孩全家共四人欲渡河,现只有一条只能搭载一个大人或两个小孩的小船.请问这一家人要全部渡河,至少要划小船过几次河?( ).

A. 7 次   B. 9 次   C. 11 次
D. 13 次   E. 15 次

解 显然一开始必须由两个孩子渡河,且由一个将船划回来,这是因为若一开始由一个大人渡河,则这个大人必须再将船划回来,且这两次划行未改变初始情形.故,可行的渡河顺序是:两个孩子渡河,一孩子回来,一大人渡河,第二个孩子回来.故得到一个大人渡河需要4次划行,且对第二个大人需要另外4次,再加最后一次划行使得两小孩渡河,一共需要出9次.

(B)

17. 有一个两位数,其数字都不为0,将它的两个数字对调所得的数比原数小36.请问下列哪一个是原数的数字和?( ).

A. 4   B. 5   C. 12
D. 15   E. 18

解 设这个数是 ab.
则

$$10a+b-10b-a = 9(a-b) = 36$$

所以,这两个数字之差是4,故这个数可以是95,84,73,62或51.两位数字之和是14,12,10,8或6.

(C)

18. 某次数学竞赛共有12道试题,答对每题得8分;未作答每题得3分;答错每题得0分.小威在此次竞赛中的得分是35分.请问他在此次竞赛中最多答错几道题?(   ).

A. 1道　　　　B. 8道　　　　C. 11道

D. 2道　　　　E. 7道

解　设 c 是答对题,而 n 是未作答的题数.则 $8c+3n=35$.显然 c 最多是4.检验显示或者 $c=4$,$n=1$,或者 $c=1$,$n=9$.答错的最大题数将是当 $c=4$,$n=1$ 时,且等于 $12-4-1=7$. 　　(E)

19. 一列火车于中午12时离开堪培拉驶往悉尼,另一列火车则于40 min后离开悉尼驶往堪培拉.若两列火车以相同的匀速度行驶,全程各需时 $3\frac{1}{2}$ h.请问这两列火车在几点相遇?(   ).

A. 下午1:45　　B. 下午2:00　　C. 下午2:05

D. 下午2:15　　E. 下午2:25

解　设堪培拉开出的火车下午12:40是在点 P,此时另一列火车离开悉尼.

悉尼开出的火车到达 P 的时间与堪培拉发出的火车到达悉尼的时间相同,即是在下午3:30,这是在第一列火车到达 P 之后170 min.

由于两列火车以同样的速度行驶,它们在 P 和悉尼之间的中点处相遇,即在下午 12:40 后 85 min,即在下午 2:05 相遇. (C)

20. 如图 5,平面上有三个圆、三条直线. 请问它们之间最多能交出几个交点?(   ).

A. 24 个   B. 25 个   C. 26 个
D. 27 个   E. 28 个

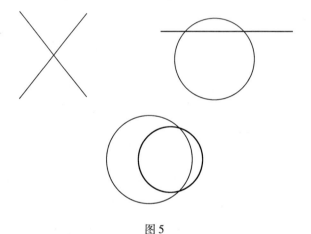

图 5

解 两条直线至多相交一点,而一个圆和一条直线或一个圆与另一个圆至多相交两点. 由于我们有三条直线和三个圆,我们能计算交点的最大个数.

$\binom{3}{2} = 3$ 种情形. 故直线与直线有三个交点;

$3 \times 3 = 9$ 种情形. 故直线与圆有 18 个交点;

$\binom{3}{2} = 3$ 种情形,故圆与圆有 6 个交点.

一共得出 27 个交点. 由于我们能找三条直线构成一个三角形且每条直线与三个圆在六点相交,如图 6 所示,这个数能达到.

图 6

(D)

21. 小于 10 000 的数中,请问有多少个数其所有位数上的数字的乘积等于 84?( ).

A. 24　　　B. 30　　　C. 42

D. 72　　　E. 84

解　没有一位或两位数使得其各位数字的积为 84.

其各位数字的积等于 84 的一个三位数的各位数字的是 3,4,7 或 2,6,7. 因此有 $2 \times 3! = 12$ 个这样的三位数.

其各位数字的积等于 84 的四位数的各位数字是 1,3,4,7 或 1,2,6,7 或 2,2,3,7. 前两种情形的每一种有 $4! = 24$ 个这样的数,而在第三种情形有 $\dfrac{4!}{2} = 12$ 个这样的数.

答案是 $12 + 24 + 24 + 12 = 72$.　　(D)

22. 在图 7 中,正六边形是由三个全等的五边形所拼成的. 若要拼出一个较大的正六边形, 请问至少需要多少个这样的五边形?(　　).

A. 5　　　　B. 7　　　　C. 9
D. 11　　　E. 16

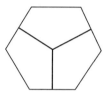

图 7

我们能沿原来的六边形放置 6 个外加的五边形做成另外一个正六边形, 如图 8 所示. 用这 9 个全等的五边形给出一个正六边形. 我们需要证明不能有其他的正六边形可用少于 9 个, 且多于 3 个全等五边形构成.

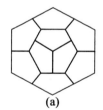
(a)

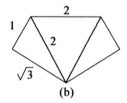
(b)

图 8

设这全等五边形的最大边长为 2 单位, 则另外的边长是 1 和 $\sqrt{3}$.

解法 1　设有一个六边形, 不必是正六边形, 由 N 个原来的五边形构成, 且设这个六边形在最外圈有 k 个五边形, 则 k 可以是 3(如图 9, 在给定的布局中).

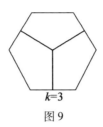

$k=3$

图 9

如图 10，k 也可以是 4(两个五边形的每一个提供一个 $120°$ 的角)，但是这个六边形在中央有一个洞，它不能用我们的五边形来填满. k 不能是 5，能得到的最接近的一个如图 11(a) 所示，由于只有一个五边形贡献两个 $120°$ 大小的角，其余的只有一个.

$k=4$

图 10

所以 $k \geqslant 6$，且对 $k = 6$ 有一个解，由于在中央的洞能用 $k = 3$ 的图来填满(图 11(b)).

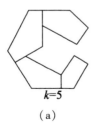 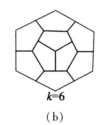

$k=5$ $k=6$

(a)   (b)

图 11   (C)

解法 2 由于这个正六边形由整数个全等五边形组成,它们的面积之比是两整数之比,而且两个正六边形面积之比等于其边长的平方之比. 如有一个正六边形有多于3个少于9个五边形,它与3个五边形组成的六边形的边长的平方比必是 $4:3, 5:3, 6:3, 7:3, 8:3$.

如果新六边形的边长是 x,则

$$\frac{x^2}{4} = \frac{4}{3}, \frac{5}{3}, \frac{6}{3}, \frac{7}{3}, \frac{8}{3}$$

这给出

$$x = \frac{4}{\sqrt{3}}, \frac{2\sqrt{5}}{\sqrt{3}}, 2\sqrt{2}, \frac{2\sqrt{7}}{\sqrt{3}}, \frac{4\sqrt{2}}{\sqrt{3}}$$

它们没有一个能由边 $1, 2$ 和 $\sqrt{3}$ 构成,所以最小值是 9.

解法 3 设 x 是小于 9 个五边形组成的六边形的边长,则 $2 < x < 2\sqrt{3}$. 由于这个五边形的边长是 $1, 2$ 和 $\sqrt{3}$,我们有 $x = a + b\sqrt{3}$. 因此 $x = 3$ 或 $x = 1 + \sqrt{3}$. 如果 $x = 3$,或者有五边形的边长为 1 的三条边在这个六边形的一条边上,或者有五边形的长度为 1 的一条边和长度为 2 的一条边在这个六边形的一条边上.

如果有五边形的长度为 1 的三条边在这个六边形的一条边上,则在长度为 1 的两边中间的那条长度为 1 的边必定在这个五边形的两直角之间,这是不可能的.

所以这个六边形的长度为 3 的每条边由五边形的长度为 1 的一条边和长度为 2 的一条边组成. 长度为 2 的这条边有该五边形的内角之一邻接于它,且此角等

于一直角,这是不可能的. 如果 $x = 1 + \sqrt{3}$,则这个六边形的每边由五边形的长度为 1 的一条边和长度为 $\sqrt{3}$ 的一条边组成.

显然在这种情形下,这个五边形的邻接于长度为 1 的这条边的长度为 2 的那条边是在该六边形的一条边上,这是不可能的. 所以 9 个五边形是最小的可能值.

23. 请问有多少组不同的数对 (a,b) 满足方程

$$\frac{1}{10} = \frac{1}{a} + \frac{b}{5}$$

其中 a, b 为任意整数,并不限定是正整数. (　　).

A. 0　　　　　B. 1　　　　　C. 2
D. 3　　　　　E. 4

解

$$\frac{1}{10} = \frac{1}{a} + \frac{b}{5}$$

$$a = 10 + 2ab$$

$$a(1 - 2b) = 10$$

如果 b 是整数,则 $1 - 2b$ 是 10 的奇因数,所以 $1 - 2b = 1, -1, 5, -5$,给出 $b = 0, a = 10$;$b = 1, a = -10$;$b = -2, a = 2$;以及 $b = 3, a = -2$,共有 4 组解.

(E)

24. 如图 12,请问从点 P 最多可以依序开出多少辆汽车,使得当它们抵达点 Q 时,车子的顺序正好与从点 P 出发时的顺序相反?车子只能由左往右行驶,并且由于道路狭窄,规定不可在路上超越前面的车辆. (　　).

A. 6 辆　　　　B. 5 辆　　　　C. 8 辆

D. 4 辆 　　　　E. 7 辆

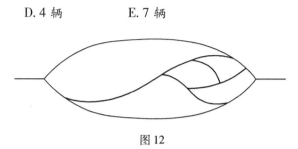

图 12

解 为计算从 P 到 Q 的不同路径数,我们发现有 6 种不同的路,图 13 中的数显示,到达一个特定交点的不同路径的条数. 表明汽车数必须小于或等于 6,由于这些汽车能经过标记黑点的位置且可以按任意次序开出,因此最多有 6 辆汽车能按相反次序到达终点.

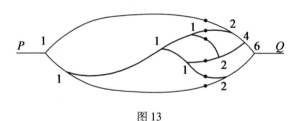

图 13

(A)

25. N 是一个四位数,将它除以 21 所得的余数为 10;将它除以 23 所得的余数为 11;将它除以 25 所得的余数为 12. 则 N 的数字和为(　　).

A. 7 　　　　B. 13 　　　　C. 16

D. 19 　　　　E. 22

解法 1 设这数是 N. 则
$$N = 10 + 21a = 11 + 23b = 12 + 25c$$

且
$$21a = 1 + 23b, 11 \times 21 = 231 = 10 \times 23 + 1$$
故
$$a = 11 + 23d$$
再有
$$N = 10 + 21(11 + 23d) = 241 + 21 \times 23d = 12 + 25c$$
按模 25 计算
$$16 + 8d \equiv 12 (\bmod 25)$$
$$8d \equiv 21 (\bmod 25)$$
$$d \equiv 12 (\bmod 25)$$
因此
$$N = 10 + 21 \times 11 + 21 \times 23 \times 12 (\bmod 21 \times 23 \times 25)$$
即 $N = 6\,037$ 加 $12\,075$ 的倍数.

所以, $N = 6\,037$ 且它的各位数字之和是 16.

(C)

解法 2 考虑 $K = 2N + 1$. 由于 N 被 21 除时余数 10, K 被 21 整除.

类似地, K 被 23 和 25 整除.

所以, K 被 $21 \times 23 \times 25 = 12\,075$ 整除, 因为 21, 23 和 25 是互质的.

因为, N 是四位数, $K = 12\,075$.

所以, $N = (K - 1)/2 = 6\,037$ 且其各位数字之和是 16.

26. POM 计数制是一种三进位制, 其中数字 P, O, M 分别代表 $+1, 0, -1$. 例如 PMOMP 代表的数为

$P \times 3^4 + M \times 3^3 + O \times 3^2 + M \times 3 + P = 3^4 - 3^3 - 3 + 1 = 52$
请问将 2003 用 POM 计数制表示的最后两个数字是什么?( ).

A. PP   B. PM   C. OP
D. MP   E. MM

解法1 我们计算

$$2003 = 3 \times 667 + 2$$
$$667 = 3 \times 222 + 1$$
$$222 = 3 \times 74 + 0$$
$$74 = 3 \times 24 + 2$$
$$24 = 3 \times 8 + 0$$
$$8 = 3 \times 2 + 2$$
$$2 = 2$$

即

$$2003 = 2 \times 3^6 + 2 \times 3^5 + 2 \times 3^3 + 1 \times 3 + 2$$
$$= (2202012)_3$$
$$= (220202 - 1)_3$$
$$= (22021 - 1 - 1)_3$$
$$= (221 - 11 - 1 - 1)_3$$
$$= (10 - 11 - 11 - 1 - 1)_3$$
$$= POMPMPMM (按这计数制的记号)$$

(E)

解法2 $2003 = 9 \times 223 - 4 = 9 \times 223 + (MM)_3$,故最后两位数字是 MM.

27. 在 3×3 的方格的格子内填入数 1 到 9. 将每两个有共同边相接的格子内的数相加,得到一个和. 请问这些和最少有多少种不同的值?(　　).

A. 3 种　　　　B. 4 种　　　　C. 5 种

D. 6 种　　　　E. 7 种

解 考虑在图 14 中有最多公共边的中央方块和它邻近的方块.我们看出至少有 4 个不同的和.这例子显示 4 能达到

5	3	8
4	7	1
6	2	9

图 14

(B)

28. 如图 15,通过与正立方体每个顶点相邻的三个顶点作一个平面.请问这样做出来的 8 个平面会将正立方体切割成几个部分?(　　).

A. 9　　　　B. 13　　　　C. 21

D. 27　　　　E. 24

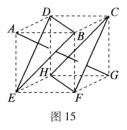

图 15

解 有四对平行平面,这里是一对.($\triangle BDE$ 和 $\triangle CFH$ 是这两个平面切割这个立方体的交集,斜对角线 AG 垂直于它们,每对平面是垂直于四条斜对角线之一.)

什么是这些平面相交出的中心夹层部分?这个图形必定有 8 个面且与这个立方体有相同的对称性,因而它是一个正八面体. 显然这个正八面体是以立方体的面的中点为其顶点.

比较图 15 可得知这个正八面体的面 PQR 是平面 BDE 的一部分,且由对称性,图 16 中所表示的正八面体真的是我们所要的.

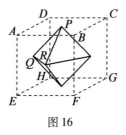

图 16

现在让我们看,如果我们延伸这个正八面体的所有面,将有什么结果 —— 延伸它们到这个正八面体之外直到它们彼此相交. 结果是在每个面上竖起四面体. 例如,如果我们由顶点 A 延伸连接 PQR 的三个面,它们将构成一个四面体(因为我们能看出 A 位于所有这三个面的交点上). 对这个正八面体的所有八个面都这样做,我们得到一个图形,称为"正星形八面体",紧密地嵌入到这个立方体中.

能不能找到任何更多的部分?如果您注意 $\triangle BDE$ 所在的平面上,您将看到与其他平面相交而得的六条直线:直线 BD,BE,DE,PQ,PR 和 QR. 这是包含了与所有其他平面相交直线段的全体(其中有一个平面平行于它因而与它不相交!).我们现在已找到了所有这些平面的交线,而且实际上已画出了这个立方体内部的所有交线.

注意图17,我们能看出这个立方体已经被分割成:

中心正八面体(在这些分块中仅有的一个);

它的面上的"三角锥"(正八面体的每个面上一个,故有八个);

沿这立方体的棱的"四面体"形状的部分,例如 AEQR. 对立方体的每一条棱有一个,故总共有12个这种四面体.

这给出总计有 12 + 8 + 1 = 21 个不同部分.

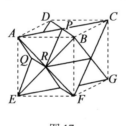

图17　　　　　　(C)

第 6 章　2004 年试题

1. $\dfrac{2\,004 + 6}{100}$ 的值等于(　　).

A. 30　　　　B. 2.1　　　　C. 201

D. 20.1　　　E. 2.01

解　$\dfrac{2\,004 + 6}{100} = \dfrac{2\,010}{100} = 20.1.$　　(D)

2. 在图 1 中，PQR 是直线，x 的值等于(　　).

A. 65　　　　B. 75　　　　C. 55

D. 45　　　　E. 35

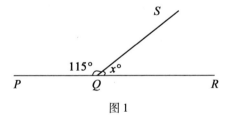

图 1

解　$x + 115 = 180$，故 $x = 65$.　　(A)

3. $\dfrac{4}{5}$ 的值最接近于(　　).

A. 0　　　　B. 1　　　　C. 2

D. 3　　　　E. 4

解　1 比任何其他整数更接近于 $\dfrac{4}{5}$.　　(B)

4. 如果 $y = 3x$ 且 $z = 2 - y$,则 z 等于( ).

A. $3x$ B. $3x - 2$ C. $2 - x$

D. $3 - 2x$ E. $2 - 3x$

解 $y = 3x$,所以 $z = 2 - y = 2 - 3x$. (E)

5. 某地昨天晚上 10:00 的气温为 7.6℃,从昨天晚上 10:00 到今天早上 5:00 的气温下降了 16.7℃,则此地今天早上 5:00 的气温为( ).

A. -10.9℃   B. -9.1℃   C. 0℃

D. -10.1℃   E. -9.9℃

解 $7.6 - 16.7 = -(16.7 - 7.6) = -9.1$,所以早上 5:00 的温度是 -9.1℃. (B)

6. 学校礼堂里的每把椅子都有 4 条腿,此礼堂中共有 484 把椅子的腿,则椅子的数量为( ).

A. 242 把   B. 480 把   C. 141 把

D. 212 把   E. 121 把

解 椅子数是 $484 \div 4 = 121$. (E)

7. 在图 2 中,x 的值等于( ).

A. 50   B. 100   C. 80

D. 40   E. 70

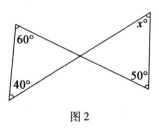

图 2

解 如图 3,标记为 $y°$ 的两个角是对顶角且相等.

因此,由两三角形的内角和,$60 + 40 = x + 50$,从而 $x = 50$.

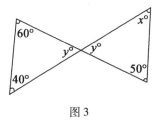

图 3

(A)

8. 小杰一年前的体重是目前体重的 $\dfrac{3}{4}$. 若他去年至今的体重增加了 16 kg,请问他目前的体重为多少千克?( ).

A. 28 kg   B. 36 kg   C. 42 kg

D. 49 kg   E. 64 kg

解 16 kg 是他现在的重量的 $\dfrac{1}{4}$,所以他现在的重量是 $4 \times 16 = 64$ kg.   (E)

9. 一位农夫购买一卡车的牧草来饲养牲畜,这车牧草共有 30 捆. 他计划每天用 $\dfrac{2}{3}$ 捆的牧草饲养牲畜,请问这车牧草可饲养牲畜多少天?( ).

A. 36 天   B. 39 天   C. 42 天

D. 45 天   E. 48 天

解法 1 如果这个农夫每天用 $\dfrac{2}{3}$ 捆,他在 3 天中

将用 2 捆. 所以这些干草将维持 $\frac{30}{2} \times 3 = 45$ 天.

(D)

解法 2 这些牧草将维持 $30 \div \frac{2}{3} = 30 \times \frac{3}{2} = 45$ 天.

10. 某人的周薪增加 20% 后成为 360 元,则他在尚未加薪前的周薪为( ).

    A. 288 元   B. 300 元   C. 310 元

    D. 280 元   E. 320 元

解 新工资是原工资的 120%,所以原工资是

$$360 \text{ 元} \times \frac{100}{120} = 300 \text{ 元} \quad (B)$$

11. 一个矩形的长是宽的 25 倍. 请问此矩形的周长与和它面积相等的正方形之周长的比为何?( ).

    A. 13∶5   B. 13∶10   C. 5∶1

    D. 51∶20   E. 51∶10

解 设这个矩形的长为 25 单位,则它的宽是 1 单位. 则这个矩形的面积是 $25 \times 1 = 25$ 平方单位且其周长是 $25 + 1 + 25 + 1 = 52$ 单位. 具有面积 25 平方单位的正方形有边长 5 单位和周长 20 单位. 于是矩形的周长与正方形周长之比是

$$52 : 20 = 13 : 5 \quad (A)$$

12. 在 $\frac{1}{4}$ 的分子及分母同时加上一个相同的整数,使得新得到的分数是原来的三倍,请问加上的这个整数是多少?( )

A. 2　　　　　B. 3　　　　　C. 5
D. 8　　　　　E. 9

解　设 a 是所加的数. 则

$$\frac{1+a}{4+a} = \frac{3}{4} \text{ 或 } a = 8 \qquad (\ D\ )$$

13. 从正方形 $GIJH$ 的顶边上向外侧作等边 $\triangle FGH$,如图 4,则 $\angle FGJ$ 是(　　).

A. 60°　　　　B. 105°　　　　C. 150°
D. 90°　　　　E. 75°

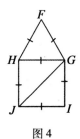

图 4

解　如图 5,$\triangle HFG$ 是等边三角形,故 $\angle FGH = 60°$,正方形的对角线 JG 平分 $\angle HGI$,所以 $\angle HGJ = 45°$,$\angle FGJ = 45° + 60° = 105°$.

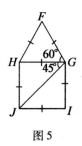

图 5

(　B　)

14. 请问下面哪一项可以是4个连续整数之和?
( ).

A. 2 000　　　B. 2 001　　　C. 2 002

D. 2 003　　　E. 2 004

解　设这四个整数中的最小者是 x. 则四个连续整数之和是 $x + x + 1 + x + 2 + x + 3 = 4x + 6$. 所以
$$4x + 6 = 2\,000, 2\,001, 2\,002, 2\,003, 2\,004$$
$$4x = 1\,994, 1\,995, 1\,996, 1\,997, 1\,998$$
这些方程中仅有一个有整数解的是 $4x = 1\,996$, 所以, $x = 499$, 且 $4x + 6 = 2\,002$. 　　　　(C)

15. 将一些串珠依图6的形式排成一直线. 从标有箭号的那颗珠子开始将珠子由左侧移至右侧, 请问要移动多少颗珠子才能使得在左侧的黑珠子所占的比例等于在右侧的白珠子所占的比例?( ).

A. 4　　　B. 3　　　C. 2

D. 1　　　E. 0

图6

解　如表1:

表1

	左侧黑珠子所占比例	右侧白珠子所占比例
开始位置	$\frac{3}{7}$	$\frac{3}{8}$
第一次移动	$\frac{3}{6} = \frac{1}{2}$	$\frac{4}{9}$
第二次移动	$\frac{2}{5}$	$\frac{4}{10} = \frac{2}{5}$

所以移动两颗珠子后它们的比例相等.

(C)

16. 小迪有许多 $1 \times 2 \times 6$ 长方体的积木,她打算用这些积木来拼一个正方体,请问她至少要使用这样的长方体多少块?( ).

A. 6 块　　　　B. 12 块　　　　C. 18 块

D. 36 块　　　　E. 144 块

解　由于小迪的长方体积木的最长边长度为 6 单位,由这些长方体构成的立方体的体积最小是 $6 \times 6 \times 6 = 216$ 立方单位. 小迪的长方体有体积 $2 \times 1 \times 6 = 12$ 立方单位,且 $216 \div 12 = 18$,这些长方体能按六层放在一起构成 $6 \times 6 \times 6$ 立方体,如图 7 所示.

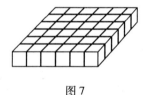

图 7

(C)

17. 学校的小卖部将 37 颗糖果分装为 3 颗和 4 颗一袋,恰好分完没有剩下. 请问最多能有多少袋 4 颗装的糖果?( ).

A. 9 袋　　　　B. 4 袋　　　　C. 8 袋

D. 6 袋　　　　E. 7 袋

解　现在 $9 \times 4 = 36$ 且 $37 - 36$ 是 1,它不是 3 的倍数.

类似地,$8 \times 4 = 32$ 且 $37 - 32$ 是 5.

$7 \times 4 = 28$ 且 $37 - 28 = 9$,它是 3 的倍数,且这样做包含 4 颗糖果的袋子的最多袋数是 7. (E)

18. 在图 8 的方格中,每个格子最多只能画上一个"×",欲使每行每列都恰好有两个格子画有"×". 请问共有多少种不同的画法?( ).

A. 6   B. 9   C. 12
D. 18   E. 27

图 8

解 这个问题是等价于放置 3 个不同于 × 的符号(如 ○)到方格中使得每行每列中恰好有一个.

有三种方式放置一个 ○ 在第一行中,假设放在左上位置(图 9).

图 9

这剩下 2×2 个方格去放剩下的两个 ○,这能用两种方式做到(图 10).

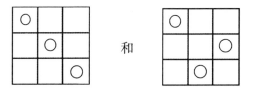

图 10

类似地,在第一行的其他两种位置各都有两种可能性,给出总共 6 个方式(图 11).

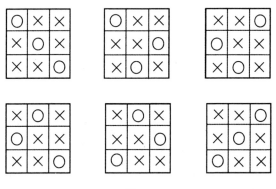

图 11

(A)

19. 天然的果汁含有 80% 的水分,将其中水分的 75% 抽离而制成浓缩果汁.请问浓缩果汁含有百分之几的水分?( ).

A. 25%   B. 40%   C. 50%
D. 60%   E. 75%

解 1 L 果汁中,有 800 mL 水.如果除去 75% 的水.在剩下的 400 mL 果汁中将有 200 mL 水留下,所以浓缩果汁包含 50% 的水.   (C)

第6章　2004年试题

20. 有一只电子表的表面用两个数字显示"小时",用两个数字显示"分". 请问这个手表从15:00至16:30 之间共有多少分钟表面上显示有数字2?(　　).

A. 12 min　　B. 15 min　　C. 24 min

D. 27 min　　E. 30 min

解　考虑从15:00到16:30显示出数字2的时间,我们得到表2:

表2

显示	15:02	15:12	15:20 – 29	15:32	15:42	15:52	16:02	16:12	16:20 – 29
时间(分)	1	1	10	1	1	1	1	1	10

这给出有显示数字2的总时间是27 min.

(　D　)

21. 如图12所示,将四个硬币放置于桌面上. 把有阴影的那个硬币紧贴另三个硬币的圆周转动,最后回到原处. 当有阴影的这个硬币绕回到原处时,请问它共转了多少度?(　　).

A. 360°　　B. 540°　　C. 720°

D. 900°　　E. 1 080°

图12

解　在图13中,当硬币由位置1滚动到位置2的过程中,位置1上硬币的点 Y 绕到位置2中的点 Y',且 X 到位置2中的点 X'. 所以当硬币1从位置1滚动到位置2时,它旋转经过了360°的角度. 类似地,从位置2滚动到位置3时它将旋转另一个360°,且从位置3滚动到位置1时又旋转了另一个360°. 这就是说它滚动通过 $3\times 360°=1\,080°$ 的角回到它原来的位置(且它也将有同样方向).

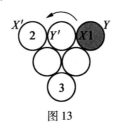

图 13

(E)

22. 小珊和小真进行 200 m 赛跑,小珊赢了小真 10 m. 小真建议将小珊的起跑线退后 10 m,二人再进行一次赛跑. 假设她们都各自以第一次赛跑时的速度跑,则比赛的结果是(   ).

A. 同时到达终点

B. 小珊领先 1 m 取胜

C. 小真领先 1 m 取胜

D. 小珊取胜 0.5 m

E. 小真取胜 0.5 m

解 当小珊跑 200 m 时小真跑 190 m. 所以小珊跑 210 m 时小真跑一段距离 d,这里

$$\frac{190}{200}=\frac{d}{210}, d=199.5$$

所以,小真跑了199.5 m,且小珊取胜0.5 m.

(D)

23. 在图14中,x的值等于(   ).

A. 90   B. 120   C. 135

D. 137.5   E. 140

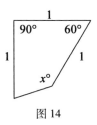

图14

解 如图15所示,作对角线QS,我们得到等边△QRS和等腰△PQS.

$\angle QPS = \angle QSP = 75°$,故$\angle RSP = 75° + 60° = 135°$

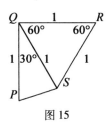

图15

(C)

24. 小翰在星期一、星期二、星期三及星期四说真话,而其他日子则说谎话,小德在星期一、星期五、星期六及星期日说真话,而其他日子则说谎话,某一天,他们两人都说:(昨天我说谎).请问他们是在星期几说这句话?(   ).

A. 星期一   B. 星期三   C. 星期四

D. 星期五　　　E. 星期六

解　记 T 为说真话，L 为说假话，我们得到表3：

表3

	星期日	星期一	星期二	星期三	星期四	星期五	星期六	星期日	……
小翰	L	T	T	T	T	L	L	L	……
小德	T	T	L	L	L	T	T	T	……

考虑陈述"昨天我说假话"．这仅当说话者当天说假话而前一天说真话（TL），或当天说真话而前一天说假话（LT）时为真．所以我们在这表3中寻找每人一起有 LT 或 TL 序列，且这在星期五发生一次．（　D　）

25. 小米有一块划分为 5×5 小方格的巧克力，他想把这块巧克力沿着方格的边切开为25小块．他可以将数片巧克力重叠起来，沿重合线将它们一起切开．若他欲使切的次数愈少愈好，请问他至少要切几次？（　　）．

A. 5次　　　B. 6次　　　C. 8次

D. 12次　　E. 16次

解　考虑任一次切开后最大的一片．设 $f(n)$ 表示 n 次切开后最大一片中的小方格个数．显然 $f(1)\geqslant 15$．也相对地比较容易看出 $f(2)\geqslant 9$．由于 $f(k+1)\geqslant \frac{1}{2}f(k)$．我们得 $f(3)\geqslant 5$，$f(4)\geqslant 3$ 和 $f(5)\geqslant 2$，即至少切开6次．我们能给出只切开6次的方案，例如前三次"水平的"切开，然后再三次"垂直的"切开．

（　B　）

26. 将正方体的某些角落切掉，如图16放置于桌上,若恰好只有两个形体有完全相同的,请问是哪两个?(　　).

　　A. P 和 Q　　　　B. P 和 R　　　　C. Q 和 R
　　D. P 和 S　　　　E. Q 和 S

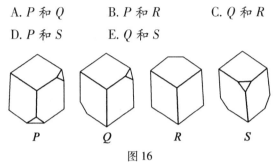

图 16

解　给定的立方体如下所示.

P 和 Q 是不一样的,由于 P 切去在长(或内部)对角线两端的不是一对偶角. 类似地,R 切去在长对角线两端的不是一对偶角,所以 Q 和 R 是不一样的. P 和 R 是不一样的,由于如果 R 已切去两个偶角,它们必定在同一条棱长.

由于 S 已切去三个偶角而 R 最多切去两个偶角,R 和 S 是不一样的.

如果 Q 和 S 是同样的,则 Q 的看不到的偶角必定已切去. 但是由于 Q 有一对在长对角线两端的偶角已经切去,S 的看不见的第四个偶角也要切去. 所以 Q 和 S 是不一样的.

所以仅有的可能性是 P 和 S 是同样的,且在 P 的看不见的偶角被切去的情形,它们是同样的.

　　　　　　　　　　　　　　　　　　(D)

27. 从正立方体各棱边的中点中取出三个点构成一个三角形,这样的三角形中最大内角可能是

( ).

 A. 60° B. 90° C. 120°

 D. 135° E. 150°

解 如图17所示,立方体 $ABCDPQRS$. 联结中点 L,M,N,O,X 和 Y. 这给出一个正六边形 $LMNOXY$. 联结 L 和 X. 这给出一个具有 $\angle LQX = 120°$ 的三角形. 而其他三角形内可能的最大角是 $90°$,所以可能的最大角是 $120°$.

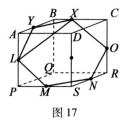

图17

(C)

28. 将整数 $1,2,3,\cdots,100$,写在黑板上,请问至少要擦掉几个数才能使得留在黑板上全部的数的乘积的末位数是 2?( ).

 A. 20 B. 21 C. 22

 D. 23 E. 24

解 如果剩下数的积是偶数,我们必须擦去所有 5 的倍数,否则最后一位数必是 0.

 剩下的 80 个数都以 $1,2,3,4,6,7,8$ 或 9 结尾,每种类型有十个数. 直接计算显示 $1 \times 2 \times 3 \times 4 \times 6 \times 7 \times 8 \times 9$,以 6 结尾. 类似地,$11 \times 12 \times 13 \times 14 \times 16 \times 17 \times 18 \times 19$ 也以 6 结尾.

所以,全部 80 个数的乘积的最后一位数即是 6^{10} 的最后一位数,它是 6.

下一次如果我们移去数 3,则剩下的 79 个数之积的末位数是 2.

这样要擦去的数的最少个数是 21.　　　(B)

29. 斐波那契数是 $F_1=1, F_2=1, F_3=2, F_4=3, F_5=5, F_6=8, F_7=13, \cdots$,它的首两项都等于 1,之后的每一项都等于前两项之和. 在斐波那契数列的前 2 004 项中,请问有多少项其末位数等于 2?(　　).

A. 131　　　B. 133　　　C. 135

D. 137　　　E. 139

解　计算出前 2 004 个斐波那契数是不可取的,显然是要当试按模 10 计算且寻求其重复的循环规律. 经模 10 后以下是前面的一些数

　　1 1 2 3 5 8 3 1 4 5
　　9 4 3 7 0 7 7 4 1 5
　　6 1 7 8 5 3 8 1 9 0

此后整个数列按负数重复,即这数列的下一部分是

　　　　　9 9 8 7 5 ⋯

即第一部分模 10 的负数.

整个数列以长度为 60 循环,第二个一半是第一个一半的负数.

如果我们数在前一半中数字 2 的个数,则仅有一个.

在第二个一半中数字 2 的个数与在第一个一半中

数字8的个数是同样的,给出另外三个.

这样在60个数的整组循环中有4个2.

现在 $2\,004 = 33 \times 60 + 24$,所以我们有 $33 \times 4 = 132$ 个2再加上最后24个斐波那契数中末位数是2的个数. 由上面的数列得知还有一个.

因此,这解是133. （ B ）

30. 小露与小斌分别以红色(r)、黄色(y)、绿色(g)和蓝色(b)的数棒玩连数棒串游戏. 在合乎以下两项规则的情况下,他们都想尽量把数棒串连的愈长愈好. (1)任两个相邻的数棒不可以同色. (2)如果在此数棒中有某个颜色的数棒出现两次,则在这两根数棒之间的数棒的颜色不可以再度出现. 因此,根据规则(1),不允许出现 rygbgg 的情况;根据规则(2),不允许出现 rbygbrg 的情况. 小露从 ryr 开始连接数棒,小斌从 ryg 开始连接数棒,请问下列哪一项叙述是正确的?(　　).

A. 小露有可能做出一个比小斌能做的更长的序列

B. 小斌有可能做出一个比小露能做出的更长的序列

C. 两人都可能做出长度为6的序列,但不可能更长

D. 两人都可能做出长度为7的序列,但不可能更长

E. 每人能做出的序列的长度没有限制

解 小露不能再用黄色(y),但其他颜色的任一种都可以用,故不失一般性,她能继续红、黄、红、绿. 然后他能用蓝或红. 如果她选取蓝作为第五个字母,她有红、黄、红、绿、蓝(ryrgb). 然后她能用绿或红. 如

果她用红,这序列终止于红、黄、绿、蓝、红(rygbr),但如果她选取绿,则他能加红且这序列终止于红、黄、红、绿、蓝、绿、红(ryrgbgr),这样小露能做出长度为7的序列但不能更长.

这(连同在线(g)后选取红(r)的情形)可以树状图18表示,这里"·"表示按照给定的两个规则,不能再继续添加到这序列.

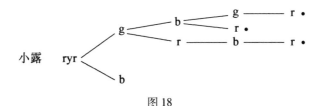

图 18

小斌能加红、黄或蓝. 如果他选择红,他不能再用黄或绿,且这序列终止为红、黄、绿、红、蓝、红(rygrbr). 如果他选择黄,他不再用绿(g),但他能继续红、黄、绿、黄、红(rygyr) 或红、黄、绿、黄、蓝(rygyb). 第一个必须终止成为红、黄、绿、黄、红、蓝、红(rygyrbr)而第二个成为红、黄、绿、黄、蓝、黄、红(rygybyr).

如果他选择蓝,则下一字母可以是红、黄或绿(g). 红(r)将结束这序列:红、黄、绿、蓝、红(rygbr),而黄(y)允许添加一个红(r);红、黄、绿、蓝、黄、红(rygbyr),取绿(g)我们有红、黄、绿、蓝、绿(rygbg). 这里选择红(r)结束这序列:红、黄、绿、蓝、绿、红(rygbgr),黄(y)是仅有的其他的可能情形,给出红、黄、绿、蓝、绿、黄(rygbgy)且只有红(r)能再加上:红、黄、绿、蓝、绿、黄、红(rygbgyr),所以小斌也能做出长度为7的序列但不能更长(图19).

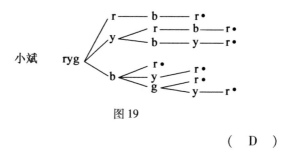

图 19

(D)

第7章　2005年试题

1. 2 005 + 5 002 的值等于(　　).

A. 3 003　　　B. 4 004　　　C. 5 555

D. 2 222　　　E. 7 007

解　2 005 + 5 002 = 7 007.　　　　　(E)

2. 在图1中, x 的值等于(　　).

A. 130　　　B. 50　　　C. 80

D. 70　　　E. 100

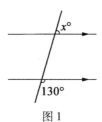

图1

解　图2中,两个角 $x°$ 是同位角因而相等.于是
$$x° + 130° = 180°$$
所以 $x = 50$.

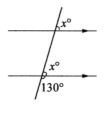

图2

(B)

115

3. 有一堂课在上午 10:10 下课. 若这堂课共 55 min,请问这堂课于何时开始上课?(   ).

A. 上午 9:15   B. 上午 9:45   C. 上午 9:00

D. 上午 8:45   E. 上午 8:30

解　上午 10:10 前 55 min 是上午 9:15.

(A)

4. 请问下列哪个选项中的图形的周长最小? (   ).

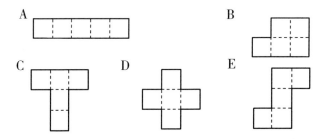

解法 1　选项中的形状的周长依次是 12,10,12,12 和 12.

所以最小的周长是 10 cm.　　　　(B)

解法 2　由于所有的形状由五个正方形构成,具有最小周长的一个将是这些形状内部具有最多条边的那一个,即选项 B,它有 5 条内部边而其他的只有 4 条.

5. 以下哪一个与 1 200 ÷ 40 有同样的结果? (   ).

A. 600 ÷ 80   B. 2 400 ÷ 20   C. 240 ÷ 8

D. 240 ÷ 5   E. 600 ÷ 8

解　1 200 ÷ 40 = 30, 240 ÷ 8 = 30.　(C)

6. $1+\dfrac{1}{3+\dfrac{1}{2}}$ 等于( ).

A. $\dfrac{6}{5}$ B. $\dfrac{7}{6}$ C. $\dfrac{9}{2}$

D. $\dfrac{3}{2}$ E. $\dfrac{9}{7}$

解 $1+\dfrac{1}{3+\dfrac{1}{2}}=1+\dfrac{1}{\dfrac{7}{2}}=1+\dfrac{2}{7}=\dfrac{9}{7}$.

(E)

7. 有一个两位数,它的十位数字是 t,个位数字是 u,若将数字 8 插入这两个数字之间成为一个三位数,则此三位数之值为( ).

A. $t+u+8$ B. $10t+80+u$ C. $10t+u+8$
D. $100t+10u+8$ E. $100t+80+u$

解 数 $t8u=100t+10\times 8+u=100t+80+u$.

(E)

8. 有六个数的平均值为 4.5,若再加入两个数其总平均仍有为 4.5,请问新加入这两个数的总和是多少?( ).

A. 27 B. 9 C. 36
D. 4.5 E. 8

解 因为当再外加两个数后平均值仍保持为 4.5,这两数的平均数也必定是 4.5,因而其和是 9. (B)

9. 将汽车的轮胎更换使得车轮的圆周长由 200 cm 增至 225 cm. 汽车行驶 1 800 km 后,请问车轮旋转的圈数将减少了多少圈?( ).

A. 50 000 圈   B. 1 000 圈   C. 2 000 圈

D. 100 000 圈   E. 7 200 000 圈

解 较大车轮旋转次数少于较小车轮,所以在 1 800 km 的旅程中,每个车轮的旋转数之差是较小车轮(周长 200 cm)的旋转数减去较大车轮(周长 225 cm)的旋转数

$$\frac{1\,800 \times 1\,000 \times 100}{200} - \frac{1\,800 \times 1\,000 \times 100}{225}$$

$= 900\,000 - 800\,000$

$= 100\,000$ (D)

10. 将七个连续整数依序排列,最小的三个数的总和为 33. 请问最大的三个数的总和是多少?( ).

A. 39   B. 37   C. 42

D. 48   E. 45

解 设三个最小的数是 $a, a+1, a+2$,则

$$a + a + 1 + a + 2 = 33$$

$$3a = 30$$

$$a = 10$$

因此,这些数是

$$10, 11, 12, 13, 14, 15, 16$$

且最大三个数之和是 45. (E)

11. 图 3 中方格中每一小格边长都为 1 cm. 则 △PQR 的面积为( ).

A. 15 cm²   B. 10.5 cm²   C. 12 cm²

D. 13 cm²   E. 13.5 cm²

图3

解 如图4，△PQR 的面积是矩形 PXYZ 的面积减去 △PXR 的面积，△RYQ 的面积和 △PQZ 的面积

△PQR 的面积 = $4 \times 6 - \frac{1}{2} \times 6 \times 3 -$

$\frac{1}{2} \times 1 \times 5 - \frac{1}{2} \times 1 \times 4$

$= 24 - (9 + 2.5 + 2)$

$= 10.5 (\text{cm}^2)$

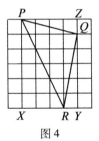

图4　　　　　　　　(B)

12. 当蒙特娄中午12时的时刻，在巴黎当地时间为当日下午6时．飞机航班的起降时刻都以当地时间为准．一架飞机下午7时由蒙特娄起飞于次日上午8时抵达巴黎，若飞机往返所需时间相同，请问上午11时由巴黎起飞在什么时刻可抵达蒙特娄？(　　)．

A. 中午12时　　B. 下午6时　　C. 午夜

D. 上午 11 时　　E. 下午 3 时

解　从蒙特娄出发的飞机于蒙特娄时间上午 2 时到达,所以这旅程经历 7 小时.

同样回来的飞行于巴黎时间下午 6 时到达蒙特娄,即蒙特娄时间中午.　　　　　(A)

13. 投掷两颗骰子,出现的两个点数正好是一个两位完全平方数的数字的概率为(　　).

A. $\dfrac{1}{9}$　　　　B. $\dfrac{2}{9}$　　　　C. $\dfrac{7}{36}$

D. $\dfrac{1}{4}$　　　　E. $\dfrac{1}{3}$

解　两个数字构成完全平方的是:(1,6),(2,5),(3,6),(4,6),(5,2),(6,1),(6,3) 和 (6,4),总共是 8 个. 掷两骰子有 36 个可能的结果,所以这概率是 $\dfrac{8}{36}=\dfrac{2}{9}$.　　　　(B)

14. 将一张大小为 10 cm × 10 cm 的正方形纸片,依图 5 所示,折叠及剪裁后再展开.

请问内部的正方形(无阴影的部分)面积是多少平方厘米?(　　).

A. 50 cm²　　　B. 25 cm²　　　C. 75 cm²

D. 12.5 cm²　　　E. 40 cm²

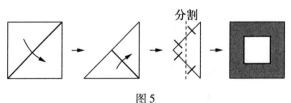

图 5

解 由切割将最后对折中的两边分成两半,切去的正方形的边长是原正方形的一半.

较小正方形的面积因而是较大正方形面积的 $\frac{1}{4}$.

即 $\frac{1}{4} \times 100 = 25$. (B)

15. 一架飞机由甲地飞往乙地需费时 $2\frac{1}{2}$ h,若将速度增加 20%,则所需飞行时间为( ).

A. 2 h B. 2 h5 min C. 2 h10 min
D. 2 h15 min E. 2 h20 min

解 设距离是 d 而飞机的速度是 v. 则
$$d = vt$$
我们有
$$\frac{d}{v} = t = \frac{5}{2}$$

当速度增加 20% 时,新速度是 $\frac{6v}{5}$. 则所费时间是

$$\frac{d}{\frac{6v}{5}} = \frac{5}{6} \times \frac{d}{v}$$

$$= \frac{5}{6} \times \frac{5}{2} = \frac{25}{12}(\text{h})$$

所以,新的时间是 2 h5 min. (B)

16. 一张正方形纸片面积为 12 cm^2,它的一个面为白色,另一个面为灰色. 如图6,将这张纸的左下角折出一个三角形,使得三角形的两个边分别平行于正方形的两个边,现在这张纸的可见部分正好有一半的面

积是白色的,有一半的面积是灰色的. 请问线段 UV 的长度为多少厘米?(　　).

A. 4 cm　　　B. $\sqrt{12}$ cm　　　C. 3 cm

D. 6 cm　　　E. $\sqrt{8}$ cm

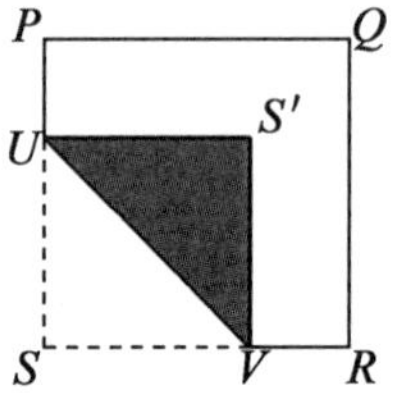

图 6

解　如图 7,设阴影部分的面积也是 x,则白色部分的面积也是 x,且这正方形的看不见的部分也有面积 x. 于是 $3x = 12$ 从而 $x = 4$. 设阴影的三角形的边是 y. 则 $\frac{1}{2} \times y^2 = 4$ 从而 $y^2 = 8$. 折叠线 UV 的长度是具有两等边长度为 y 的等腰直角三角形的斜边 l.

故 $l^2 = y^2 + y^2 = 2y^2 = 16$ 且 $l = 4$.

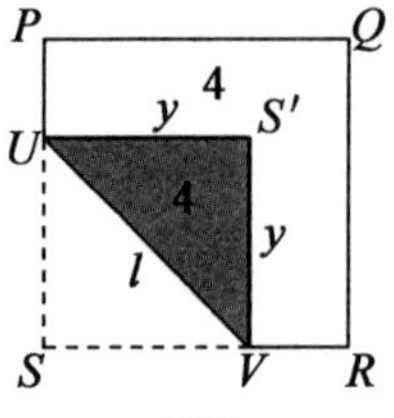

图 7

(A)

17. 如下乘式中

$$\begin{array}{r} P\ Q\ R \\ \times\qquad 3 \\ \hline Q\ Q\ Q \end{array}$$

P,Q 及 R 分别代表不同的数字. 则 P,Q 及 R 的和等于 (　　).

  A. 16　　　　B. 14　　　　C. 13

  D. 12　　　　E. 10

解 注意 $111 = 3 \times 37$. 所以我们有

$$111 = 3 \times 37$$
$$222 = 3 \times 74$$
$$333 = 3 \times 111$$
$$444 = 3 \times 148$$
$$555 = 3 \times 185$$
$$666 = 3 \times 222$$
$$777 = 3 \times 259$$
$$888 = 3 \times 296$$
$$999 = 3 \times 333$$

  这里我们能看到答案中第二位数与被乘数的第二位数相同的仅有的情形是 4. 所以这数是 148 且其各位数字之和是 13.   (C)

  18. 如图 8, 一条 12 cm 的卷尺, 将它的一端的反面折过来叠在一起, 一刀把卷尺分为三段. 若所得的三段由短至长的长度比为 1∶2∶3, 请问剪口可能的不同位置有多少个?(　　).

  A. 0 个　　　　B. 1 个　　　　C. 2 个

D. 4 个   E. 6 个

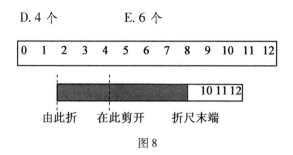

图 8

解 从图上容易看出折缝必在切割后中间段的中心.这样的一个切割如图 9 所示.

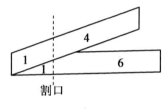

图 9

由于这个切割结果必须分成的长度比为 1:2:3,可能剪出三段依序的长度及其折缝上的刻度如下:

2	4	6	4
2	6	4	5
4	2	6	5
4	6	2	7
6	2	4	7
6	4	2	8

这告诉我们折缝上的刻度为 5 的情况可以有两种剪法,折缝上的刻度为 7 的情况也可以有两种剪法.

图 10 表示与图 9 有相返折缝的另一种不同的剪法.

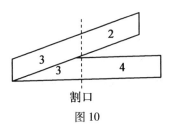

图 10

这给出各种剪法如下：

折缝的刻度为 4，剪口穿过刻度 2 和 6；
折缝的刻度为 5，剪口穿过刻度 2 和 8；
折缝的刻度为 5，剪口穿过刻度 4 和 6；
折缝的刻度为 7，剪口穿过刻度 4 和 10；
折缝的刻度为 7，剪口穿过刻度 6 和 8；
折缝的刻度为 8，剪口穿过刻度 6 和 10.

所以，有 4 个不同的折缝和 6 种不同的剪法.

(E)

19. 如图 11，平行四边形 $PQRS$ 中，点 L 是 PQ 边上的一点且 $PL=1, LQ=2$. 若点 M 是 PR 与 LS 的交点. 则 $PM:MR$ 等于( ).

A. $1:3$ B. $1:4$ C. $1:2$

D. $2:5$ E. $2:7$

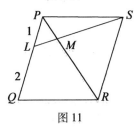

图 11

解 如图 12，由于 $PQRS$ 是平行四边形，$\triangle PML$

和 △RMS 对应角相等因而相似.

于是 $\frac{PM}{MR} = \frac{PL}{RS} = \frac{1}{3}$，故 $PM:MR = 1:3$.

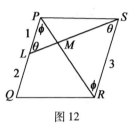

图 12

(A)

20. 在五位数中,请问有多少个数其任意相邻两个数字之差都为 3?(   ).

A. 40　　　　B. 41　　　　C. 43

D. 45　　　　E. 50

解　考虑以 2 开头的 5 位数. 树状图 13 显示有 4 个这样的数

图 13

用类似的方式,我们得到以 1 开头的有 4 个,3 开头的有 8 个,4 开头的有 4 个,5 开头的有 4 个,6 开头的有 8 个,7 开头的有 4 个,8 开头的有 4 个,9 开头的 5 个,给出总数 $4+4+8+4+4+8+4+4+5 = 45$ 个这样的数.

(D)

21. 在图 14 中,阴影部分的矩形面积( ).

A. 介于 $\dfrac{1}{4}$ 和 $\dfrac{5}{16}$ 之间   B. 介于 $\dfrac{5}{16}$ 和 $\dfrac{3}{8}$ 之间

C. 介于 $\dfrac{3}{8}$ 和 $\dfrac{7}{16}$ 之间   D. 介于 $\dfrac{7}{16}$ 和 $\dfrac{1}{2}$ 之间

E. 大于 $\dfrac{1}{2}$

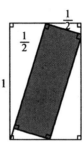

图 14

解　利用四个外面的三角形是相似的事实. 我们得到在图 15 上所示的其他尺寸.

阴影矩形的面积是 xy. 由顶上的三角形,我们得出

$$y^2 = \frac{1}{4} + \frac{1}{16} = \frac{6}{16}$$

$$y = \frac{\sqrt{5}}{4}$$

由右边的三角形我们得出

$$x^2 = \frac{9}{16} + \frac{9}{64} = \frac{45}{64}$$

$$x = \frac{3\sqrt{5}}{8}$$

矩形的面积是

$$xy = \frac{\sqrt{5}}{4} \times \frac{3\sqrt{5}}{8} = \frac{15}{32} = \frac{7.5}{16}$$

这是大于 $\frac{7}{16}$ 且小于 $\frac{8}{16}$.

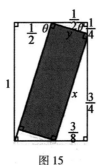

图 15

(D)

22. 在 3×3 方格中的格子内不重复地填入数 1 到 9. 考虑各对有共同边相接的格子内的数. 请问其中一个格子内的数是另一个格子内的数的因数的格子对至多有几对? ( ).

A. 7 对   B. 8 对   C. 9 对

D. 10 对   E. 12 对

解 这里容易找到彼此不能整除的数对的最大个数.

考虑 5 和 7 是相邻的情形.

如图 16,由于 1 整除其他所有的数,将 1 放在与其他 4 个方格有公共边的中央方格. 由于 5 和 7 不能整除其他任何数,它们至少与两个其他数共同具有一条边,所以最小有 3 对数彼此不能整除.

2	4	8
6	1	7
3	9	5

图 16

如图 17,现在考虑 5 和 7 每一个与 1 有公共边的情形:

5	1	7

图 17

那么其他的数具有 7 条公共边.

剩下的数 2,3,4,6,8,9 中,一个整除另一个的数对是 (2,4),(2,6),(2,8),(3,6),(3,9) 和 (4,8),所以至少还有另外一对数,其中一个数不能整除另一个数,给出 3 对数其中一个不能整除另一个.

所以在每种情形有 3 对数,其中一个不能整除另一个. 数对的总数是 12,因而其中一个整除另一个的最大对数是 $12 - 3 = 9$. (C)

23. 如图 18 所示,在点 P 处有一个内角为优角(亦称作反角)的多边形. 请问在一个 n 边形中最多能有几个内角为优角?(   ).

A. 1 B. 2 C. $n - 3$
D. $n - 2$ E. $n - 1$

图 18

解 具有 n 条边的多边形的内角和是
$$n \times 180 - 2 \times 180 = (n-2) \times 180$$

所以不可能有 $n, n-1$ 或 $n-2$ 个优角,因为这些角的和将超过 n 边多边形的内角和. 所以优角个数的一个上界是 $n-3$,且图 19 显示 $n-3$ 是可能的在 $Q, R, S, \cdots, W$ 有 $n-3$ 个优角,且有 3 个锐角构成这多边形.

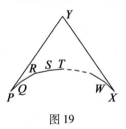

图 19

(C)

24. 我父亲在我生日时送给我一个 L 形的生日蛋糕,我父亲要求我必须只用一把直尺将蛋糕切为三份,以便将蛋糕分给我弟弟和妹妹. 因此,我可以如图 20(a)(b) 的方式切,但不可如图(c)切.

但父亲说切完后,必须让弟、妹们先挑选,他们一定是挑比较大块的,而我只能挑选最后剩下的那块. 所以我要设法使切完后的三块蛋糕中,最小的那块要越大越好,若我达成了这个目的,请问我能分到的那块蛋糕的面积为多少平方厘米?( ).

A. 80 cm²   B. 75 cm²   C. 70 cm²
D. 65 cm²   E. 60 cm²

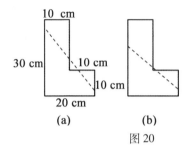

(a)   (b)   (c)

图20

解 如图21所示,标记这三片. 依赖于切割的角度,A 可大于 C 或反之,但是不管角度如何,其中之一将小于 B.

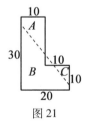

图21

因此,如果切割不通过内部拐角,则若将切割线向左平行移动一小段距离,可以使最小的一片变大些.

由引可知最优解的切割线必定通过这个拐角.

考虑这切割线要通过哪一边,现在有三种可能情形(图22):

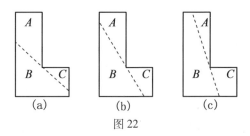

图 22

对图(a)(b)两类型的任一切割线,容易看出我的一片将是 C 且对切割线沿顺时针方向稍作调节就能使它变大些. 所以我的最后解是第三类型(图(c)). 从极限位置出发.

顺时针旋转切割线再看一下会发生什么情况. 在出发位置,C 比 A 小因而是由我取得的那片. 当切割线沿顺时针方向旋转,C 变大而 A 变小(平稳地),趋向于 A 很小而显然小于 C 的一个位置,这情况下 A 是我取得的那片. 最后解是当 A 和 C 是同样大小时,我们如图 23 所示写出长度 x:

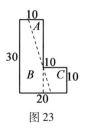

图 23

我们可得出 A 的面积是 $20x$ 而 C 的面积是 $100 - 5x$. 使这两者相等给出 $x = 4$ 且我取得的那片是 A 或 C,有相等的面积 80 cm^2. 所以我可能取得的最大那片是 80 cm^2. (A)

25. 一家超市有七个结账台,所有的结账台都接受现金付款,但只有第一号到第四号结账台可接受信用卡付款. A,B,C 三人都到此超市购物,A 坚持用信用卡付款,而 B,C 二人则打算用现金付款,请问他们三人共有多少种选择结账台的方式?(同一个结账台可以排一个或一个以上的人)(   )

A. 49 种　　　　B. 196 种　　　　C. 28 种

D. 200 种　　　　E. 300 种

解 A 用信用卡,因而他只能选 7 个结账台中的 4 个. B 和 C 能用 7 个结账台中的任一个. 因而不考虑次序他们能选结账台的方式数是

$$4 \times 7 \times 7 = 196 \qquad (\text{ B })$$

26. 在 $1m \times 1m$ 的正方形四个边上的每一个点都涂上 n 种颜色中的一种,使得任两个距离恰为 $1m$ 的点都不会涂上相同的颜色. 请问 n 至少要为多少才能满足上述的涂法?(   ).

A. 1　　　　B. 2　　　　C. 3

D. 4　　　　E. 5

解 如图 24,考虑边长为 $1m$ 的正方形 $PQRS$. 显然有在边上相距为 $1m$ 的点,所以至少需要两种颜色.

考虑每边长为 $1m$ 的等边 $\triangle LMN$,这表现有彼此相距 $1m$ 的三点 L,M 和 N,所以它们每个必定是不同的颜色,所以需要 3 种颜色. 图 24 显示用 3 种颜色的一种合适的涂色.

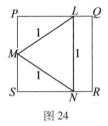

图 24

如图 25, 考虑边长 1m 的正方形 $ABCD$, 点 P,Q,R 和 S 放置在正方形的边上使得 $PQ = SR = 1$, 且 $PB = BQ = RD = DS.$ 则

$$PB = BQ = RD = DS = \frac{\sqrt{2}}{2}$$

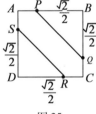

图 25

现在 PA 和 AS 包括 P 和 S 涂蓝色, SD 和 D 包括 R 涂黑色, 但是排除涂蓝色的 S. PB 和 BQ 包括 Q 涂红色, 但排除涂蓝色的 P.

又由于

$$AP = AS = QC = CR = 1 - \frac{\sqrt{2}}{2} = \frac{2-\sqrt{2}}{2} < \frac{1}{2}$$

故 PS 和 QR 两者都小于 1.

最后 QC 和 CR 除 Q 和 R 外涂蓝色.

我们现在有正方形的边上的点用 3 种颜色的一个

涂色,所以所需最小涂色数是 3.　　　　　(C)

27. 一个正八面体有 8 个三角形的面,它的所有的棱都等长,一个体积为 120 cm³ 的正八面体,有一小块配件,它是由所有与最高顶点的距离,比与其他顶点的距离都小的点所组成的,它的外部如图 26 阴影部分所示,其内部延伸至正八面体的中心.请问这小块的体积为多少立方厘米?(　　).

　　A. 10 cm³　　　B. 20 cm³　　　C. 25 cm³
　　D. 15 cm³　　　E. 30 cm³

图 26

解　利用图形的对称性,我们能看出这个八面体是由六个与图 26 所示的形体全等的形体所构成的. 于是此部分的体积是 $\frac{120}{6} = 20$ cm³.

(　)

28. 一个正整数等于它的四个最小的正因数的平方和,请问能整除此正整数的最大质数是什么?
(　　).

　　A. 11　　　B. 13　　　C. 7
　　D. 19　　　E. 17

解　这个正整数不能是奇数. 否则它的全部因

135

数将是奇数且它的四个因数的平方和是偶数,产生矛盾. 所以最小的两个因数必是 1 和 2. 下一个最小因数必是 4 或一个质数. 它不能是 4,否则该平方和将包含刚好两个奇数的平方(使它为偶数),且这两平方数的每一个有模 4 余 1,总和将有模 4 余 2,它是一个被 2 整除但不被 4 整除的数.

这样最小的三个因数是 1,2 和一个奇质数 p. 由于四个平方和是偶数,剩下的因数是 $2p$. 这样该数等于
$$1 + 4 + p^2 + 4p^2 = 5(1 + p^2)$$

因为 p 不能整除 $1 + p^2$,它必须整除(且因此等于)5. 这个数是 $5 \times 26 = 130 = 1 \times 2 \times 5 \times 13$,因此,最大质因数是 13.   (B)

编辑手记

数学竞赛是一项吸引人的活动,著名数学家 M. Gardner 指出:初学者解答一个巧题时得到了快乐,数学家解决了更先进的问题时也得到了快乐,在这两种快乐之间没有很大的区别.二者都关注美丽动人之处——即支撑着所有结构的那匀称的,定义分明的,神秘的和迷人的秩序.

由于中国数学奥林匹克如同乒乓球和围棋一样在世界享有盛誉,所以有关数学竞赛的书籍也多如牛毛,但这是本工作室首次出版澳大利亚的数学竞赛题解.

澳大利亚笔者没有去过,但与之相邻的新西兰笔者去过多次,虽然新西兰

澳大利亚中学数学竞赛试题及解答(中级卷)1999—2005

也出过菲尔兹奖得主即琼斯——琼斯多项式的提出者,但整体上数学教育水平还是澳大利亚略高一筹.以至于新西兰中小学生参加的数学竞赛还是使用澳大利亚的竞赛题目,按说从历史上看新西兰的早期移民大多是欧洲的贵族,而澳大利亚居民大多是被发配的罪犯,经过百年的历史演变可以看出社会制度的威力,这是值得我们深思的.再一个可供我们反思的是澳大利亚慢生活的魅力.我们近四十年来,高歌猛进,大干快上,锐意进取,岁月匆匆.

回顾历史,19世纪的欧洲,大量的娱乐时间意味着一个人的社会地位很高:一位哲学家曾这样描述1840年前后巴黎文人、学士的生活——他们的时间十分富余,以至于在游乐场遛乌龟成了一件非常时髦的事情,类似的项目在澳大利亚还能找到.

摘一段《数学竞赛史话》(单墫著,广西教育出版社,1990.)中关于澳大利亚数学竞赛的介绍.

第29届IMO于1988年在澳大利亚首都堪培拉举行.

这一届IMO有49个国家和地区参加,选手达到268名.规模之大超过以往任何一届.

这一年,恰逢澳大利亚建国200周年,整个IMO的活动在十分热烈、隆重的气氛中进行.

这是第一次在南半球举行的IMO,也是

编辑手记

第一次在亚洲地区和太平洋沿岸地区举行的 IMO. 参赛的非欧洲国家和地区有 25 个,第一次超过了欧洲国家(24 个).

东道主澳大利亚自 1971 年开展全国性的数学竞赛,并且在 70 年代末成立了设在国家科学院之下的澳大利亚数学奥林匹克委员会,该委员会专门负责选拔和培训澳大利亚参加 IMO 的代表队. 澳大利亚各州都有一名人员参加这个委员会的工作. 澳大利亚自 1981 年起,每年都参加 IMO. IMO(物理、化学奥林匹克)的培训都在堪培拉高等教育学院进行. 澳大利亚数学会一直对这个活动给予经费与业务方面的支持和帮助. 澳大利亚 IBM 有限公司每年提供赞助.

早在 1982 年,澳大利亚数学会及一些数学界、教育界人士就提出在 1988 年庆祝该国建国 200 周年之际举办 IMO. 澳大利亚政府接受了这一建议,并确定第 29 届 IMO 为澳大利亚建国 200 周年的教育庆祝活动. 在 1984 年成立了"澳大利亚 1988 年 IMO 委员会". 委员会的成员包括政府、科学、教育、企业等各界人士. 澳大利亚为第 29 届 IMO 做了大量准备工作,政府要员也纷纷出马. 总理霍克与教育部部长为举办 IMO 所印的宣传册等写祝词. 霍克还出席了竞赛的颁奖仪式,他亲自为荣获金奖(一等奖)的 17 位中学生(包括我国的何宏宇和陈晞)颁奖,并发表了热情洋溢的讲话.竞赛期间澳大利亚国土部部长在国会大厦为各国领队举行了招待会,国家科学院院长也举办了鸡尾酒会.竞赛结束时,教育部部长设宴招待所有参加IMO的人员.澳大利亚数学界的教授、学者也做了大量的组织接待及业务工作,为这届IMO作出了巨大的贡献.竞赛地点在堪培拉高等教育学院.组织者除了堪培拉的活动外,还安排了各代表队在悉尼的旅游.澳大利亚IBM公司将这届IMO列为该公司1988年的14项工作之一,它是这届IMO的最大的赞助商.

  竞赛的最高领导机构是"澳大利亚1988年IMO委员会",由23人组成(其中有7位教授,4位博士).主席为澳大利亚科学院院士、亚特兰大大学的波茨(R. Potts)教授.在1984年至1988年期间,该委员会开过3次会来确定组织机构、组织方案、经费筹措等重大问题.在1984年的会议上决定成立"1988年IMO组织委员会",负责具体的组织工作.

  组委会共有13人(其中有3位教授,4位博士),主席为堪培拉高等教育学院的奥哈伦(P. J. O'Halloran)先生,波茨教授也是组委会委员.

组委会下设6个委员会.

1. 学术委员会

主席由组委会委员、新南威尔士大学的戴维·亨特(D. Hunt)博士担任.下设两个委员会:

(1) 选题委员会.由6人组成(包括3位教授,1位副教授和1位博士.其中有两位为科学院院士).该委员会负责对各国提供的赛题进行审查、挑选,并推荐其中的一些题目给主试委员会讨论.

(2) 协调委员会.由主任协调员1人,高级协调员6人(其中有两位教授,1位副教授,1位博士),协调员33人(其中有5位副教授,18位博士)组成.协调员中有5位曾代表澳大利亚参加IMO并获奖.协调委员会负责试卷的评分工作:分为6个组,每组在1位高级协调员的领导下核定一道试题的评分.

2. 活动计划委员会

该委员会有70人左右,负责竞赛期间各代表队的食宿、交通、活动等后勤工作.给每个代表队配备1位向导.向导身着印有IMO标记的统一服装.各队如有什么要求或问题均可通过向导反映.IMO的一切活动也由向导传送到各代表队.

3. 信息委员会

负责竞赛前及竞赛期间的文件的编印,

准备奖品和证书等.

4. 礼仪委员会

负责澳大利亚政府为 1988 年 IMO 组织的庆典仪式、宴会等活动. 由内阁有关部门、澳大利亚数学基金会、首都特区教育部门、一些院校及社会公益部门的人员组成.

5. 财务委员会

负责这届 IMO 的财务管理. 由两位博士分别担任主席和顾问,一位教授任司库.

6. 主试委员会(Jury,或译为评审委员会)

由澳大利亚数学界人士和各国或地区领队组成. 主席为波茨教授. 别设副主席、翻译、秘书各 1 位.

主试委员会为 IMO 的核心. 有关竞赛的任何重大问题必须经主试委员会表决通过后才能施行,所以主席必须是数学界的权威人士,办事果断并具有相当的外交经验.

以上 6 个委员会共约 140 人,有些人身兼数职. 各机构职能分明又互相配合.

这届竞赛活动于 1988 年 7 月 9 日开始. 各代表队在当日抵达悉尼并于当日去新南威尔士大学报到. 领队报到后就离开代表队住在另一个宾馆,并于 11 日去往堪培拉. 各代表队在副领队的带领下由澳大利亚方面安排在悉尼参观游览,14 日去往堪培拉,住

编辑手记

在堪培拉高等教育学院.

领队抵达堪培拉后,住在澳大利亚国立大学,参加主试委员会,确定竞赛试题,译成本国文字.在竞赛的第二天(16日)领队与本国或本地区代表队汇合,并与副领队一起批阅试卷.

竞赛在15、16日两天上午进行,从8:30开始,有15个考场,每个考场有17至18名学生.同一代表队的选手分布在不同的考场.比赛的前半小时(8:30 – 9:00)为学生提问时间.每个学生有三张试卷,一题一张;又有三张专供提问的纸,也是一题一张.试卷和问题纸上印有学生的编号和题号.学生将问题写在问题纸上由传递员传送.此时领队们在距考场不远的教室等候.学生所提问题由传递员首先送给主试委员会主席过目后,再交给领队.领队必须将学生所提问题译成工作语言当众宣读,由主试委员会决定是否应当回答.领队的回答写好后,必须当众宣读,经主试委员会表决同意后,再由传递员送给学生.

阅卷的结果及时公布在记分牌上.各代表队的成绩如何,一目了然.

根据中国香港代表队的建议,第29届IMO首次设立了荣誉奖,颁发给那些虽然未能获得一、二、三等奖,但至少有一道题得到满分的选手.于是有 26 个代表队的 33 名选手获得了荣誉奖,其中有 7 个代表队是没有获得一、二、三等奖的.设置荣誉奖的做法,显然有利于调动更多国家或地区、更多选手的积极性.

在整个竞赛期间,澳大利亚工作人员认真负责,彬彬有礼,效率之高令人赞叹!

为了表达对大家的感谢,荷兰领队 J. Noten boom 教授完成了一件奇迹般的工作,他用 200 个高脚玻璃杯组成了一个大球(非常优美的数学模型!),在告别宴会上赠给组委会主席奥哈伦教授.

单墫教授当年在这本著作出版后即赠了一本给笔者,二十多年过去了,这本书仍留在笔者的案头上,听说最近又要再版了.

寥寥数语,是以为记.

刘培杰

2019.2.21

于哈工大

刘培杰数学工作室
已出版(即将出版)图书目录——初等数学

书 名	出版时间	定 价	编号
新编中学数学解题方法全书(高中版)上卷(第2版)	2018—08	58.00	951
新编中学数学解题方法全书(高中版)中卷(第2版)	2018—08	68.00	952
新编中学数学解题方法全书(高中版)下卷(一)(第2版)	2018—08	58.00	953
新编中学数学解题方法全书(高中版)下卷(二)(第2版)	2018—08	58.00	954
新编中学数学解题方法全书(高中版)下卷(三)(第2版)	2018—08	68.00	955
新编中学数学解题方法全书(初中版)上卷	2008—01	28.00	29
新编中学数学解题方法全书(初中版)中卷	2010—07	38.00	75
新编中学数学解题方法全书(高考复习卷)	2010—01	48.00	67
新编中学数学解题方法全书(高考真题卷)	2010—01	38.00	62
新编中学数学解题方法全书(高考精华卷)	2011—03	68.00	118
新编平面解析几何解题方法全书(专题讲座卷)	2010—01	18.00	61
新编中学数学解题方法全书(自主招生卷)	2013—08	88.00	261
数学奥林匹克与数学文化(第一辑)	2006—05	48.00	4
数学奥林匹克与数学文化(第二辑)(竞赛卷)	2008—01	48.00	19
数学奥林匹克与数学文化(第二辑)(文化卷)	2008—07	58.00	36′
数学奥林匹克与数学文化(第三辑)(竞赛卷)	2010—01	48.00	59
数学奥林匹克与数学文化(第四辑)(竞赛卷)	2011—08	58.00	87
数学奥林匹克与数学文化(第五辑)	2015—06	98.00	370
世界著名平面几何经典著作钩沉——几何作图专题卷(上)	2009—06	48.00	49
世界著名平面几何经典著作钩沉——几何作图专题卷(下)	2011—01	88.00	80
世界著名平面几何经典著作钩沉(民国平面几何老课本)	2011—03	38.00	113
世界著名平面几何经典著作钩沉(建国初期平面三角老课本)	2015—08	38.00	507
世界著名解析几何经典著作钩沉——平面解析几何卷	2014—01	38.00	264
世界著名数论经典著作钩沉(算术卷)	2012—01	28.00	125
世界著名数学经典著作钩沉——立体几何卷	2011—02	28.00	88
世界著名三角学经典著作钩沉(平面三角卷Ⅰ)	2010—06	28.00	69
世界著名三角学经典著作钩沉(平面三角卷Ⅱ)	2011—01	38.00	78
世界著名初等数论经典著作钩沉(理论和实用算术卷)	2011—07	38.00	126
发展你的空间想象力	2017—06	38.00	785
走向国际数学奥林匹克的平面几何试题诠释(上、下)(第1版)	2007—01	68.00	11,12
走向国际数学奥林匹克的平面几何试题诠释(上、下)(第2版)	2010—02	98.00	63,64
平面几何证明方法全书	2007—08	35.00	1
平面几何证明方法全书习题解答(第1版)	2005—10	18.00	2
平面几何证明方法全书习题解答(第2版)	2006—12	18.00	10
平面几何天天练上卷·基础篇(直线型)	2013—01	58.00	208
平面几何天天练中卷·基础篇(涉及圆)	2013—01	28.00	234
平面几何天天练下卷·提高篇	2013—01	58.00	237
平面几何专题研究	2013—07	98.00	258

刘培杰数学工作室
已出版(即将出版)图书目录——初等数学

书　名	出版时间	定　价	编号
最新世界各国数学奥林匹克中的平面几何试题	2007—09	38.00	14
数学竞赛平面几何典型题及新颖解	2010—07	48.00	74
初等数学复习及研究(平面几何)	2008—09	58.00	38
初等数学复习及研究(立体几何)	2010—06	38.00	71
初等数学复习及研究(平面几何)习题解答	2009—01	48.00	42
几何学教程(平面几何卷)	2011—03	68.00	90
几何学教程(立体几何卷)	2011—07	68.00	130
几何变换与几何证题	2010—06	88.00	70
计算方法与几何证题	2011—06	28.00	129
立体几何技巧与方法	2014—04	88.00	293
几何瑰宝——平面几何500名题暨1000条定理(上、下)	2010—07	138.00	76,77
三角形的解法与应用	2012—07	18.00	183
近代的三角形几何学	2012—07	48.00	184
一般折线几何学	2015—08	48.00	503
三角形的五心	2009—06	28.00	51
三角形的六心及其应用	2015—10	68.00	542
三角形趣谈	2012—08	28.00	212
解三角形	2014—01	28.00	265
三角学专门教程	2014—09	28.00	387
图天下几何新题试卷.初中(第2版)	2017—11	58.00	855
圆锥曲线习题集(上册)	2013—06	68.00	255
圆锥曲线习题集(中册)	2015—01	78.00	434
圆锥曲线习题集(下册·第1卷)	2016—10	78.00	683
圆锥曲线习题集(下册·第2卷)	2018—01	98.00	853
论九点圆	2015—05	88.00	645
近代欧氏几何学	2012—03	48.00	162
罗巴切夫斯基几何学及几何基础概要	2012—07	28.00	188
罗巴切夫斯基几何学初步	2015—06	28.00	474
用三角、解析几何、复数、向量计算解数学竞赛几何题	2015—03	48.00	455
美国中学几何教程	2015—04	88.00	458
三线坐标与三角形特征点	2015—04	98.00	460
平面解析几何方法与研究(第1卷)	2015—05	18.00	471
平面解析几何方法与研究(第2卷)	2015—06	18.00	472
平面解析几何方法与研究(第3卷)	2015—07	18.00	473
解析几何研究	2015—01	38.00	425
解析几何学教程.上	2016—01	38.00	574
解析几何学教程.下	2016—01	38.00	575
几何学基础	2016—01	58.00	581
初等几何研究	2015—02	58.00	444
十九和二十世纪欧氏几何学中的片段	2017—01	58.00	696
平面几何中考.高考.奥数一本通	2017—07	28.00	820
几何学简史	2017—08	28.00	833
四面体	2018—01	48.00	880
平面几何证明方法思路	2018—12	68.00	913
平面几何图形特性新析.上篇	2019—01	68.00	911
平面几何图形特性新析.下篇	2018—06	88.00	912
平面几何范例多解探究.上篇	2018—04	48.00	910
平面几何范例多解探究.下篇	2018—12	68.00	914
从分析解题过程学解题:竞赛中的几何问题研究	2018—07	68.00	946
二维、三维欧氏几何的对偶原理	2018—12	38.00	990

刘培杰数学工作室
已出版（即将出版）图书目录——初等数学

书　　名	出版时间	定　价	编号
俄罗斯平面几何问题集	2009—08	88.00	55
俄罗斯立体几何问题集	2014—03	58.00	283
俄罗斯几何大师——沙雷金论数学及其他	2014—01	48.00	271
来自俄罗斯的5000道几何习题及解答	2011—03	58.00	89
俄罗斯初等数学问题集	2012—05	38.00	177
俄罗斯函数问题集	2011—03	38.00	103
俄罗斯组合分析问题集	2011—01	48.00	79
俄罗斯初等数学万题选——三角卷	2012—11	38.00	222
俄罗斯初等数学万题选——代数卷	2013—08	68.00	225
俄罗斯初等数学万题选——几何卷	2014—01	68.00	226
俄罗斯《量子》杂志数学征解问题100题选	2018—08	48.00	969
俄罗斯《量子》杂志数学征解问题又100题选	2018—08	48.00	970
463个俄罗斯几何老问题	2012—01	28.00	152
《量子》数学短文精粹	2018—09	38.00	972
谈谈素数	2011—03	18.00	91
平方和	2011—03	18.00	92
整数论	2011—05	38.00	120
从整数谈起	2015—10	28.00	538
数与多项式	2016—01	38.00	558
谈谈不定方程	2011—05	28.00	119
解析不等式新论	2009—06	68.00	48
建立不等式的方法	2011—03	98.00	104
数学奥林匹克不等式研究	2009—08	68.00	56
不等式研究（第二辑）	2012—02	68.00	153
不等式的秘密（第一卷）	2012—02	28.00	154
不等式的秘密（第一卷）（第2版）	2014—02	38.00	286
不等式的秘密（第二卷）	2014—01	38.00	268
初等不等式的证明方法	2010—06	38.00	123
初等不等式的证明方法（第二版）	2014—11	38.00	407
不等式·理论·方法（基础卷）	2015—07	38.00	496
不等式·理论·方法（经典不等式卷）	2015—07	38.00	497
不等式·理论·方法（特殊类型不等式卷）	2015—07	48.00	498
不等式探究	2016—03	38.00	582
不等式探秘	2017—01	88.00	689
四面体不等式	2017—01	68.00	715
数学奥林匹克中常见重要不等式	2017—09	38.00	845
三正弦不等式	2018—09	98.00	974
同余理论	2012—05	38.00	163
[x]与{x}	2015—04	48.00	476
极值与最值. 上卷	2015—06	28.00	486
极值与最值. 中卷	2015—06	38.00	487
极值与最值. 下卷	2015—06	28.00	488
整数的性质	2012—11	38.00	192
完全平方数及其应用	2015—08	78.00	506
多项式理论	2015—10	88.00	541
奇数、偶数、奇偶分析法	2018—01	98.00	876
不定方程及其应用. 上	2018—12	58.00	992
不定方程及其应用. 中	2019—01	78.00	993
不定方程及其应用. 下	2019—02	98.00	994

刘培杰数学工作室
已出版（即将出版）图书目录——初等数学

书　名	出版时间	定价	编号
历届美国中学生数学竞赛试题及解答(第一卷)1950—1954	2014—07	18.00	277
历届美国中学生数学竞赛试题及解答(第二卷)1955—1959	2014—04	18.00	278
历届美国中学生数学竞赛试题及解答(第三卷)1960—1964	2014—06	18.00	279
历届美国中学生数学竞赛试题及解答(第四卷)1965—1969	2014—04	28.00	280
历届美国中学生数学竞赛试题及解答(第五卷)1970—1972	2014—06	18.00	281
历届美国中学生数学竞赛试题及解答(第六卷)1973—1980	2017—07	18.00	768
历届美国中学生数学竞赛试题及解答(第七卷)1981—1986	2015—01	18.00	424
历届美国中学生数学竞赛试题及解答(第八卷)1987—1990	2017—05	18.00	769
历届 IMO 试题集(1959—2005)	2006—05	58.00	5
历届 CMO 试题集	2008—09	28.00	40
历届中国数学奥林匹克试题集(第 2 版)	2017—03	38.00	757
历届加拿大数学奥林匹克试题集	2012—08	38.00	215
历届美国数学奥林匹克试题集:多解推广加强	2012—08	38.00	209
历届美国数学奥林匹克试题集:多解推广加强(第 2 版)	2016—03	48.00	592
历届波兰数学竞赛试题集.第 1 卷,1949～1963	2015—03	18.00	453
历届波兰数学竞赛试题集.第 2 卷,1964～1976	2015—03	18.00	454
历届巴尔干数学奥林匹克试题集	2015—05	38.00	466
保加利亚数学奥林匹克	2014—10	38.00	393
圣彼得堡数学奥林匹克试题集	2015—01	38.00	429
匈牙利奥林匹克数学竞赛题解.第 1 卷	2016—05	28.00	593
匈牙利奥林匹克数学竞赛题解.第 2 卷	2016—05	28.00	594
历届美国数学邀请赛试题集(第 2 版)	2017—10	78.00	851
全国高中数学竞赛试题及解答.第 1 卷	2014—07	38.00	331
普林斯顿大学数学竞赛	2016—06	38.00	669
亚太地区数学奥林匹克竞赛题	2015—07	18.00	492
日本历届(初级)广中杯数学竞赛试题及解答.第 1 卷(2000～2007)	2016—05	28.00	641
日本历届(初级)广中杯数学竞赛试题及解答.第 2 卷(2008～2015)	2016—05	38.00	642
360 个数学竞赛问题	2016—08	58.00	677
奥数最佳实战题.上卷	2017—06	38.00	760
奥数最佳实战题.下卷	2017—05	58.00	761
哈尔滨市早期中学数学竞赛试题汇编	2016—07	28.00	672
全国高中数学联赛试题及解答:1981—2017(第 2 版)	2018—05	98.00	920
20 世纪 50 年代全国部分城市数学竞赛试题汇编	2017—07	28.00	797
高中数学竞赛培训教程:平面几何问题的求解方法与策略.上	2018—05	68.00	906
高中数学竞赛培训教程:平面几何问题的求解方法与策略.下	2018—06	78.00	907
高中数学竞赛培训教程:整除与同余以及不定方程	2018—01	88.00	908
高中数学竞赛培训教程:组合计数与组合极值	2018—04	48.00	909
国内外数学竞赛题及精解:2016～2017	2018—07	45.00	922
许康华竞赛优学精选集.第一辑	2018—08	68.00	949
高考数学临门一脚(含密押三套卷)(理科版)	2017—01	45.00	743
高考数学临门一脚(含密押三套卷)(文科版)	2017—01	45.00	744
新课标高考数学题型全归纳(文科版)	2015—05	72.00	467
新课标高考数学题型全归纳(理科版)	2015—05	82.00	468
洞穿高考数学解答题核心考点(理科版)	2015—11	49.80	550
洞穿高考数学解答题核心考点(文科版)	2015—11	46.80	551

刘培杰数学工作室
已出版(即将出版)图书目录——初等数学

书　名	出版时间	定　价	编号
高考数学题型全归纳:文科版.上	2016—05	53.00	663
高考数学题型全归纳:文科版.下	2016—05	53.00	664
高考数学题型全归纳:理科版.上	2016—05	58.00	665
高考数学题型全归纳:理科版.下	2016—05	58.00	666
王连笑教你怎样学数学:高考选择题解题策略与客观题实用训练	2014—01	48.00	262
王连笑教你怎样学数学:高考数学高层次讲座	2015—02	48.00	432
高考数学的理论与实践	2009—08	38.00	53
高考数学核心题型解题方法与技巧	2010—01	28.00	86
高考思维新平台	2014—03	38.00	259
30分钟拿下高考数学选择题、填空题(理科版)	2016—10	39.80	720
30分钟拿下高考数学选择题、填空题(文科版)	2016—10	39.80	721
高考数学压轴题解题诀窍(上)(第2版)	2018—01	58.00	874
高考数学压轴题解题诀窍(下)(第2版)	2018—01	48.00	875
北京市五区文科数学三年高考模拟题详解:2013～2015	2015—08	48.00	500
北京市五区理科数学三年高考模拟题详解:2013～2015	2015—09	68.00	505
向量法巧解数学高考题	2009—08	28.00	54
高考数学万能解题法(第2版)	即将出版	38.00	691
高考物理万能解题法(第2版)	即将出版	38.00	692
高考化学万能解题法(第2版)	即将出版	28.00	693
高考生物万能解题法(第2版)	即将出版	28.00	694
高考数学解题金典(第2版)	2017—01	78.00	716
高考物理解题金典(第2版)	即将出版	68.00	717
高考化学解题金典(第2版)	即将出版	58.00	718
我一定要赚分:高中物理	2016—01	38.00	580
数学高考参考	2016—01	78.00	589
2011～2015年全国及各省市高考数学文科精品试题审题要津与解法研究	2015—10	68.00	539
2011～2015年全国及各省市高考数学理科精品试题审题要津与解法研究	2015—10	88.00	540
最新全国及各省市高考数学试卷解法研究及点拨评析	2009—02	38.00	41
2011年全国及各省市高考数学试题审题要津与解法研究	2011—10	48.00	139
2013年全国及各省市高考数学试题解析与点评	2014—01	48.00	282
全国及各省市高考数学试题审题要津与解法研究	2015—02	48.00	450
新课标高考数学——五年试题分章详解(2007～2011)(上、下)	2011—10	78.00	140,141
全国中考数学压轴题审题要津与解法研究	2013—04	78.00	248
新编全国及各省市中考数学压轴题审题要津与解法研究	2014—05	58.00	342
全国及各省市5年中考数学压轴题审题要津与解法研究(2015版)	2015—04	58.00	462
中考数学专题总复习	2007—04	28.00	6
中考数学较难题、难题常考题型解题方法与技巧.上	2016—01	48.00	584
中考数学较难题、难题常考题型解题方法与技巧.下	2016—01	58.00	585
中考数学较难题常考题型解题方法与技巧	2016—09	48.00	681
中考数学难题常考题型解题方法与技巧	2016—09	48.00	682
中考数学中档题常考题型解题方法与技巧	2017—08	68.00	835
中考数学选择填空压轴好题妙解365	2017—05	38.00	759

刘培杰数学工作室
已出版(即将出版)图书目录——初等数学

书　名	出版时间	定　价	编号
中考数学小压轴汇编初讲	2017—07	48.00	788
中考数学大压轴专题微言	2017—09	48.00	846
北京中考数学压轴题解题方法突破(第4版)	2019—01	58.00	1001
助你高考成功的数学解题智慧:知识是智慧的基础	2016—01	58.00	596
助你高考成功的数学解题智慧:错误是智慧的试金石	2016—04	58.00	643
助你高考成功的数学解题智慧:方法是智慧的推手	2016—04	68.00	657
高考数学奇思妙解	2016—04	38.00	610
高考数学解题策略	2016—05	48.00	670
数学解题泄天机(第2版)	2017—10	48.00	850
高考物理压轴题全解	2017—04	48.00	746
高中物理经典问题25讲	2017—05	28.00	764
高中物理教学讲义	2018—01	48.00	871
2016年高考文科数学真题研究	2017—04	58.00	754
2016年高考理科数学真题研究	2017—04	78.00	755
初中数学、高中数学脱节知识补缺教材	2017—06	48.00	766
高考数学小题抢分必练	2017—10	48.00	834
高考数学核心素养解读	2017—09	38.00	839
高考数学客观题解题方法和技巧	2017—10	38.00	847
十年高考数学精品试题审题要津与解法研究.上卷	2018—01	68.00	872
十年高考数学精品试题审题要津与解法研究.下卷	2018—01	58.00	873
中国历届高考数学试题及解答.1949—1979	2018—01	38.00	877
历届中国高考数学试题及解答.第二卷,1980—1989	2018—10	28.00	975
历届中国高考数学试题及解答.第三卷,1990—1999	2018—10	48.00	976
数学文化与高考研究	2018—03	48.00	882
跟我学解高中数学题	2018—07	58.00	926
中学数学研究的方法及案例	2018—05	58.00	869
高考数学抢分技能	2018—07	68.00	934
高一新生常用数学方法和重要数学思想提升教材	2018—06	38.00	921
2018年高考数学真题研究	2019—01	68.00	1000
新编640个世界著名数学智力趣题	2014—01	88.00	242
500个最新世界著名数学智力趣题	2008—06	48.00	3
400个最新世界著名数学最值问题	2008—09	48.00	36
500个世界著名数学征解问题	2009—06	48.00	52
400个中国最佳初等数学征解老问题	2010—01	48.00	60
500个俄罗斯数学经典老题	2011—01	28.00	81
1000个国外中学物理好题	2012—04	48.00	174
300个日本高考数学题	2012—05	38.00	142
700个早期日本高考数学试题	2017—02	88.00	752
500个前苏联早期高考数学试题及解答	2012—05	28.00	185
546个早期俄罗斯大学生数学竞赛题	2014—03	38.00	285
548个来自美苏的数学好问题	2014—11	28.00	396
20所苏联著名大学早期入学试题	2015—02	18.00	452
161道德国工科大学生必做的微分方程习题	2015—05	28.00	469
500个德国工科大学生必做的高数习题	2015—05	28.00	478
360个数学竞赛问题	2016—08	58.00	677
200个趣味数学故事	2018—02	48.00	857
470个数学奥林匹克中的最值问题	2018—10	88.00	985
德国讲义日本考题.微积分卷	2015—04	48.00	456
德国讲义日本考题.微分方程卷	2015—04	38.00	457
二十世纪中叶中、英、美、日、法、俄高考数学试题精选	2017—06	38.00	783

刘培杰数学工作室
已出版(即将出版)图书目录——初等数学

书 名	出版时间	定价	编号
中国初等数学研究 2009卷(第1辑)	2009—05	20.00	45
中国初等数学研究 2010卷(第2辑)	2010—05	30.00	68
中国初等数学研究 2011卷(第3辑)	2011—07	60.00	127
中国初等数学研究 2012卷(第4辑)	2012—07	48.00	190
中国初等数学研究 2014卷(第5辑)	2014—02	48.00	288
中国初等数学研究 2015卷(第6辑)	2015—06	68.00	493
中国初等数学研究 2016卷(第7辑)	2016—04	68.00	609
中国初等数学研究 2017卷(第8辑)	2017—01	98.00	712
几何变换(Ⅰ)	2014—07	28.00	353
几何变换(Ⅱ)	2015—06	28.00	354
几何变换(Ⅲ)	2015—01	38.00	355
几何变换(Ⅳ)	2015—12	38.00	356
初等数论难题集(第一卷)	2009—05	68.00	44
初等数论难题集(第二卷)(上、下)	2011—02	128.00	82,83
数论概貌	2011—03	18.00	93
代数数论(第二版)	2013—08	58.00	94
代数多项式	2014—06	38.00	289
初等数论的知识与问题	2011—02	28.00	95
超越数论基础	2011—03	28.00	96
数论初等教程	2011—03	28.00	97
数论基础	2011—03	18.00	98
数论基础与维诺格拉多夫	2014—03	18.00	292
解析数论基础	2012—08	28.00	216
解析数论基础(第二版)	2014—01	48.00	287
解析数论问题集(第二版)(原版引进)	2014—05	88.00	343
解析数论问题集(第二版)(中译本)	2016—04	88.00	607
解析数论基础(潘承洞,潘承彪著)	2016—07	98.00	673
解析数论导引	2016—07	58.00	674
数论入门	2011—03	38.00	99
代数数论入门	2015—03	38.00	448
数论开篇	2012—07	28.00	194
解析数论引论	2011—03	48.00	100
Barban Davenport Halberstam 均值和	2009—01	40.00	33
基础数论	2011—03	28.00	101
初等数论100例	2011—05	18.00	122
初等数论经典例题	2012—07	18.00	204
最新世界各国数学奥林匹克中的初等数论试题(上、下)	2012—01	138.00	144,145
初等数论(Ⅰ)	2012—01	18.00	156
初等数论(Ⅱ)	2012—01	18.00	157
初等数论(Ⅲ)	2012—01	28.00	158

刘培杰数学工作室
已出版(即将出版)图书目录——初等数学

书 名	出版时间	定 价	编号
平面几何与数论中未解决的新老问题	2013—01	68.00	229
代数数论简史	2014—11	28.00	408
代数数论	2015—09	88.00	532
代数、数论及分析习题集	2016—11	98.00	695
数论导引提要及习题解答	2016—01	48.00	559
素数定理的初等证明.第2版	2016—09	48.00	686
数论中的模函数与狄利克雷级数(第二版)	2017—11	78.00	837
数论:数学导引	2018—01	68.00	849
数学精神巡礼	2019—01	58.00	731
数学眼光透视(第2版)	2017—06	78.00	732
数学思想领悟(第2版)	2018—01	68.00	733
数学方法溯源(第2版)	2018—08	68.00	734
数学解题引论	2017—05	58.00	735
数学史话览胜(第2版)	2017—01	48.00	736
数学应用展观(第2版)	2017—08	68.00	737
数学建模尝试	2018—04	48.00	738
数学竞赛采风	2018—01	68.00	739
数学技能操握	2018—03	48.00	741
数学欣赏拾趣	2018—02	48.00	742
从毕达哥拉斯到怀尔斯	2007—10	48.00	9
从迪利克雷到维斯卡尔迪	2008—01	48.00	21
从哥德巴赫到陈景润	2008—05	98.00	35
从庞加莱到佩雷尔曼	2011—08	138.00	136
博弈论精粹	2008—03	58.00	30
博弈论精粹.第二版(精装)	2015—01	88.00	461
数学 我爱你	2008—01	28.00	20
精神的圣徒 别样的人生——60位中国数学家成长的历程	2008—09	48.00	39
数学史概论	2009—06	78.00	50
数学史概论(精装)	2013—03	158.00	272
数学史选讲	2016—01	48.00	544
斐波那契数列	2010—02	28.00	65
数学拼盘和斐波那契魔方	2010—07	38.00	72
斐波那契数列欣赏(第2版)	2018—08	58.00	948
Fibonacci数列中的明珠	2018—06	58.00	928
数学的创造	2011—02	48.00	85
数学美与创造力	2016—01	48.00	595
数海拾贝	2016—01	48.00	590
数学中的美	2011—02	38.00	84
数论中的美学	2014—12	38.00	351

刘培杰数学工作室
已出版(即将出版)图书目录——初等数学

书　　名	出版时间	定　价	编号
数学王者　科学巨人——高斯	2015—01	28.00	428
振兴祖国数学的圆梦之旅:中国初等数学研究史话	2015—06	98.00	490
二十世纪中国数学史料研究	2015—10	48.00	536
数字谜、数阵图与棋盘覆盖	2016—01	58.00	298
时间的形状	2016—01	38.00	556
数学发现的艺术:数学探索中的合情推理	2016—07	58.00	671
活跃在数学中的参数	2016—07	48.00	675
数学解题——靠数学思想给力(上)	2011—07	38.00	131
数学解题——靠数学思想给力(中)	2011—07	48.00	132
数学解题——靠数学思想给力(下)	2011—07	38.00	133
我怎样解题	2013—01	48.00	227
数学解题中的物理方法	2011—06	28.00	114
数学解题的特殊方法	2011—06	48.00	115
中学数学计算技巧	2012—01	48.00	116
中学数学证明方法	2012—01	58.00	117
数学趣题巧解	2012—03	28.00	128
高中数学教学通鉴	2015—05	58.00	479
和高中生漫谈:数学与哲学的故事	2014—08	28.00	369
算术问题集	2017—03	38.00	789
张教授讲数学	2018—07	38.00	933
自主招生考试中的参数方程问题	2015—01	28.00	435
自主招生考试中的极坐标问题	2015—04	28.00	463
近年全国重点大学自主招生数学试题全解及研究.华约卷	2015—02	38.00	441
近年全国重点大学自主招生数学试题全解及研究.北约卷	2016—05	38.00	619
自主招生数学解证宝典	2015—09	48.00	535
格点和面积	2012—07	18.00	191
射影几何趣谈	2012—04	28.00	175
斯潘纳尔引理——从一道加拿大数学奥林匹克试题谈起	2014—01	28.00	228
李普希兹条件——从几道近年高考数学试题谈起	2012—10	18.00	221
拉格朗日中值定理——从一道北京高考试题的解法谈起	2015—10	18.00	197
闵科夫斯基定理——从一道清华大学自主招生试题谈起	2014—01	28.00	198
哈尔测度——从一道冬令营试题的背景谈起	2012—08	28.00	202
切比雪夫逼近问题——从一道中国台北数学奥林匹克试题谈起	2013—04	38.00	238
伯恩斯坦多项式与贝齐尔曲面——从一道全国高中数学联赛试题谈起	2013—03	38.00	236
卡塔兰猜想——从一道普特南竞赛试题谈起	2013—06	18.00	256
麦卡锡函数和阿克曼函数——从一道前南斯拉夫数学奥林匹克试题谈起	2012—08	18.00	201
贝蒂定理与拉姆贝克斯尔定理——从一个拣石子游戏谈起	2012—08	18.00	217
皮亚诺曲线和豪斯道夫分球定理——从无限集谈起	2012—08	18.00	211
平面凸图形与凸多面体	2012—10	28.00	218
斯坦因豪斯问题——从一道二十五省市自治区中学数学竞赛试题谈起	2012—07	18.00	196

刘培杰数学工作室
已出版(即将出版)图书目录——初等数学

书　名	出版时间	定　价	编号
纽结理论中的亚历山大多项式与琼斯多项式——从一道北京市高一数学竞赛试题谈起	2012—07	28.00	195
原则与策略——从波利亚"解题表"谈起	2013—04	38.00	244
转化与化归——从三大尺规作图不能问题谈起	2012—08	28.00	214
代数几何中的贝祖定理(第一版)——从一道IMO试题的解法谈起	2013—08	18.00	193
成功连贯理论与约当块理论——从一道比利时数学竞赛试题谈起	2012—04	18.00	180
素数判定与大数分解	2014—08	18.00	199
置换多项式及其应用	2012—10	18.00	220
椭圆函数与模函数——从一道美国加州大学洛杉矶分校(UCLA)博士资格考题谈起	2012—10	28.00	219
差分方程的拉格朗日方法——从一道2011年全国高考理科试题的解法谈起	2012—08	28.00	200
力学在几何中的一些应用	2013—01	38.00	240
高斯散度定理、斯托克斯定理和平面格林定理——从一道国际大学生数学竞赛试题谈起	即将出版		
康托洛维奇不等式——从一道全国高中联赛试题谈起	2013—03	28.00	337
西格尔引理——从一道第18届IMO试题的解法谈起	即将出版		
罗斯定理——从一道前苏联数学竞赛试题谈起	即将出版		
拉克斯定理和阿廷定理——从一道IMO试题的解法谈起	2014—01	58.00	246
毕卡大定理——从一道美国大学数学竞赛试题谈起	2014—07	18.00	350
贝齐尔曲线——从一道全国高中联赛试题谈起	即将出版		
拉格朗日乘子定理——从一道2005年全国高中联赛试题的高等数学解法谈起	2015—05	28.00	480
雅可比定理——从一道日本数学奥林匹克试题谈起	2013—04	48.00	249
李天岩—约克定理——从一道波兰数学竞赛试题谈起	2014—06	28.00	349
整系数多项式因式分解的一般方法——从克朗耐克算法谈起	即将出版		
布劳维不动点定理——从一道前苏联数学奥林匹克试题谈起	2014—01	38.00	273
伯恩赛德定理——从一道英国数学奥林匹克试题谈起	即将出版		
布查特—莫斯特定理——从一道上海市初中竞赛试题谈起	即将出版		
数论中的同余数问题——从一道普林南竞赛试题谈起	即将出版		
范·德蒙行列式——从一道美国数学奥林匹克试题谈起	即将出版		
中国剩余定理:总数法构建中国历史年表	2015—01	28.00	430
牛顿程序与方程求根——从一道全国高考试题解法谈起	即将出版		
库默尔定理——从一道IMO预选试题谈起	即将出版		
卢丁定理——从一道冬令营试题的解法谈起	即将出版		
沃斯滕霍姆定理——从一道IMO预选试题谈起	即将出版		
卡尔松不等式——从一道莫斯科数学奥林匹克试题谈起	即将出版		
信息论中的香农熵——从一道近年高考压轴题谈起	即将出版		
约当不等式——从一道希望杯竞赛试题谈起	即将出版		
拉比诺维奇定理	即将出版		
刘维尔定理——从一道《美国数学月刊》征解问题的解法谈起	即将出版		
卡塔兰恒等式与级数求和——从一道IMO试题的解法谈起	即将出版		
勒让德猜想与素数分布	即将出版		
天平称重与信息论——从一道基辅市数学奥林匹克试题谈起	即将出版		
哈密尔顿—凯莱定理:从一道高中数学联赛试题的解法谈起	2014—09	18.00	376
艾思特曼定理——从一道CMO试题的解法谈起	即将出版		

刘培杰数学工作室
已出版（即将出版）图书目录——初等数学

书 名	出版时间	定价	编号
阿贝尔恒等式与经典不等式及应用	2018－06	98.00	923
迪利克雷除数问题	2018－07	48.00	930
贝克码与编码理论——从一道全国高中联赛试题谈起	即将出版		
帕斯卡三角形	2014－03	18.00	294
蒲丰投针问题——从2009年清华大学的一道自主招生试题谈起	2014－01	38.00	295
斯图姆定理——从一道"华约"自主招生试题的解法谈起	2014－01	18.00	296
许瓦兹引理——从一道加利福尼亚大学伯克利分校数学系博士生试题谈起	2014－08	18.00	297
拉姆塞定理——从王诗宬院士的一个问题谈起	2016－04	48.00	299
坐标法	2013－12	28.00	332
数论三角形	2014－04	38.00	341
毕克定理	2014－07	18.00	352
数林掠影	2014－09	48.00	389
我们周围的概率	2014－10	38.00	390
凸函数最值定理：从一道华约自主招生题的解法谈起	2014－10	28.00	391
易学与数学奥林匹克	2014－10	38.00	392
生物数学趣谈	2015－01	18.00	409
反演	2015－01	28.00	420
因式分解与圆锥曲线	2015－01	18.00	426
轨迹	2015－01	28.00	427
面积原理：从常庚哲命的一道CMO试题的积分解法谈起	2015－01	48.00	431
形形色色的不动点定理：从一道28届IMO试题谈起	2015－01	38.00	439
柯西函数方程：从一道上海交大自主招生的试题谈起	2015－02	28.00	440
三角恒等式	2015－02	28.00	442
无理性判定：从一道2014年"北约"自主招生试题谈起	2015－01	38.00	443
数学归纳法	2015－03	18.00	451
极端原理与解题	2015－04	28.00	464
法雷级数	2014－08	18.00	367
摆线族	2015－01	38.00	438
函数方程及其解法	2015－05	38.00	470
含参数的方程和不等式	2012－09	28.00	213
希尔伯特第十问题	2016－01	38.00	543
无穷小量的求和	2016－01	28.00	545
切比雪夫多项式：从一道清华大学金秋营试题谈起	2016－01	38.00	583
泽肯多夫定理	2016－03	38.00	599
代数等式证题法	2016－01	28.00	600
三角等式证题法	2016－01	28.00	601
吴大任教授藏书中的一个因式分解公式：从一道美国数学邀请赛试题的解法谈起	2016－06	28.00	656
易卦——类万物的数学模型	2017－08	68.00	838
"不可思议"的数与数系可持续发展	2018－01	38.00	878
最短线	2018－01	38.00	879
幻方和魔方（第一卷）	2012－05	68.00	173
尘封的经典——初等数学经典文献选读（第一卷）	2012－07	48.00	205
尘封的经典——初等数学经典文献选读（第二卷）	2012－07	38.00	206
初级方程式论	2011－03	28.00	106
初等数学研究（Ⅰ）	2008－09	68.00	37
初等数学研究（Ⅱ）（上、下）	2009－05	118.00	46,47

刘培杰数学工作室
已出版(即将出版)图书目录——初等数学

书　名	出版时间	定价	编号
趣味初等方程妙题集锦	2014—09	48.00	388
趣味初等数论选美与欣赏	2015—02	48.00	445
耕读笔记(上卷):一位农民数学爱好者的初数探索	2015—04	28.00	459
耕读笔记(中卷):一位农民数学爱好者的初数探索	2015—05	28.00	483
耕读笔记(下卷):一位农民数学爱好者的初数探索	2015—05	28.00	484
几何不等式研究与欣赏.上卷	2016—01	88.00	547
几何不等式研究与欣赏.下卷	2016—01	48.00	552
初等数列研究与欣赏·上	2016—01	48.00	570
初等数列研究与欣赏·下	2016—01	48.00	571
趣味初等函数研究与欣赏.上	2016—09	48.00	684
趣味初等函数研究与欣赏.下	2018—09	48.00	685
火柴游戏	2016—05	38.00	612
智力解谜.第1卷	2017—07	38.00	613
智力解谜.第2卷	2017—07	38.00	614
故事智力	2016—07	48.00	615
名人们喜欢的智力问题	即将出版		616
数学大师的发现、创造与失误	2018—01	48.00	617
异曲同工	2018—09	48.00	618
数学的味道	2018—01	58.00	798
数学千字文	2018—10	68.00	977
数贝偶拾——高考数学题研究	2014—04	28.00	274
数贝偶拾——初等数学研究	2014—04	38.00	275
数贝偶拾——奥数题研究	2014—04	48.00	276
钱昌本教你快乐学数学(上)	2011—12	48.00	155
钱昌本教你快乐学数学(下)	2012—03	58.00	171
集合、函数与方程	2014—01	28.00	300
数列与不等式	2014—01	38.00	301
三角与平面向量	2014—01	28.00	302
平面解析几何	2014—01	38.00	303
立体几何与组合	2014—01	28.00	304
极限与导数、数学归纳法	2014—01	38.00	305
趣味数学	2014—03	28.00	306
教材教法	2014—04	68.00	307
自主招生	2014—05	58.00	308
高考压轴题(上)	2015—01	48.00	309
高考压轴题(下)	2014—10	68.00	310
从费马到怀尔斯——费马大定理的历史	2013—10	198.00	Ⅰ
从庞加莱到佩雷尔曼——庞加莱猜想的历史	2013—10	298.00	Ⅱ
从切比雪夫到爱尔特希(上)——素数定理的初等证明	2013—07	48.00	Ⅲ
从切比雪夫到爱尔特希(下)——素数定理100年	2012—12	98.00	Ⅲ
从高斯到盖尔方特——二次域的高斯猜想	2013—10	198.00	Ⅳ
从库默尔到朗兰兹——朗兰兹猜想的历史	2014—01	98.00	Ⅴ
从比勃巴到德布朗斯——比勃巴赫猜想的历史	2014—02	298.00	Ⅵ
从麦比乌斯到陈省身——麦比乌斯变换与麦比乌斯带	2014—02	298.00	Ⅶ
从布尔到豪斯道夫——布尔方程与格论漫谈	2013—10	198.00	Ⅷ
从开普勒到阿诺德——三体问题的历史	2014—05	298.00	Ⅸ
从华林到华罗庚——华林问题的历史	2013—10	298.00	Ⅹ

刘培杰数学工作室
已出版(即将出版)图书目录——初等数学

书 名	出版时间	定价	编号
美国高中数学竞赛五十讲.第1卷(英文)	2014—08	28.00	357
美国高中数学竞赛五十讲.第2卷(英文)	2014—08	28.00	358
美国高中数学竞赛五十讲.第3卷(英文)	2014—09	28.00	359
美国高中数学竞赛五十讲.第4卷(英文)	2014—09	28.00	360
美国高中数学竞赛五十讲.第5卷(英文)	2014—10	28.00	361
美国高中数学竞赛五十讲.第6卷(英文)	2014—11	28.00	362
美国高中数学竞赛五十讲.第7卷(英文)	2014—12	28.00	363
美国高中数学竞赛五十讲.第8卷(英文)	2015—01	28.00	364
美国高中数学竞赛五十讲.第9卷(英文)	2015—01	28.00	365
美国高中数学竞赛五十讲.第10卷(英文)	2015—02	38.00	366
三角函数(第2版)	2017—04	38.00	626
不等式	2014—01	38.00	312
数列	2014—01	38.00	313
方程(第2版)	2017—04	38.00	624
排列和组合	2014—01	28.00	315
极限与导数(第2版)	2016—04	38.00	635
向量(第2版)	2018—08	58.00	627
复数及其应用	2014—08	28.00	318
函数	2014—01	38.00	319
集合	即将出版		320
直线与平面	2014—01	28.00	321
立体几何(第2版)	2016—04	38.00	629
解三角形	即将出版		323
直线与圆(第2版)	2016—11	38.00	631
圆锥曲线(第2版)	2016—09	48.00	632
解题通法(一)	2014—07	38.00	326
解题通法(二)	2014—07	38.00	327
解题通法(三)	2014—05	38.00	328
概率与统计	2014—01	28.00	329
信息迁移与算法	即将出版		330
IMO 50年.第1卷(1959—1963)	2014—11	28.00	377
IMO 50年.第2卷(1964—1968)	2014—11	28.00	378
IMO 50年.第3卷(1969—1973)	2014—09	28.00	379
IMO 50年.第4卷(1974—1978)	2016—04	38.00	380
IMO 50年.第5卷(1979—1984)	2015—04	38.00	381
IMO 50年.第6卷(1985—1989)	2015—04	58.00	382
IMO 50年.第7卷(1990—1994)	2016—01	48.00	383
IMO 50年.第8卷(1995—1999)	2016—06	38.00	384
IMO 50年.第9卷(2000—2004)	2015—04	58.00	385
IMO 50年.第10卷(2005—2009)	2016—01	48.00	386
IMO 50年.第11卷(2010—2015)	2017—03	48.00	646

刘培杰数学工作室
已出版(即将出版)图书目录——初等数学

书　　名	出版时间	定　价	编号
数学反思(2007—2008)	即将出版		915
数学反思(2008—2009)	2019-01	68.00	917
数学反思(2010—2011)	2018-05	58.00	916
数学反思(2012—2013)	2019-01	58.00	918
数学反思(2014—2015)	即将出版		919
历届美国大学生数学竞赛试题集.第一卷(1938—1949)	2015-01	28.00	397
历届美国大学生数学竞赛试题集.第二卷(1950—1959)	2015-01	28.00	398
历届美国大学生数学竞赛试题集.第三卷(1960—1969)	2015-01	28.00	399
历届美国大学生数学竞赛试题集.第四卷(1970—1979)	2015-01	18.00	400
历届美国大学生数学竞赛试题集.第五卷(1980—1989)	2015-01	28.00	401
历届美国大学生数学竞赛试题集.第六卷(1990—1999)	2015-01	28.00	402
历届美国大学生数学竞赛试题集.第七卷(2000—2009)	2015-08	18.00	403
历届美国大学生数学竞赛试题集.第八卷(2010—2012)	2015-01	18.00	404
新课标高考数学创新题解题诀窍:总论	2014-09	28.00	372
新课标高考数学创新题解题诀窍:必修1～5分册	2014-08	38.00	373
新课标高考数学创新题解题诀窍:选修2-1,2-2,1-1,1-2分册	2014-09	38.00	374
新课标高考数学创新题解题诀窍:选修2-3,4-4,4-5分册	2014-09	18.00	375
全国重点大学自主招生英文数学试题全攻略:词汇卷	2015-07	48.00	410
全国重点大学自主招生英文数学试题全攻略:概念卷	2015-01	28.00	411
全国重点大学自主招生英文数学试题全攻略:文章选读卷(上)	2016-09	38.00	412
全国重点大学自主招生英文数学试题全攻略:文章选读卷(下)	2017-01	58.00	413
全国重点大学自主招生英文数学试题全攻略:试题卷	2015-07	38.00	414
全国重点大学自主招生英文数学试题全攻略:名著欣赏卷	2017-03	48.00	415
劳埃德数学趣题大全.题目卷.1:英文	2016-01	18.00	516
劳埃德数学趣题大全.题目卷.2:英文	2016-01	18.00	517
劳埃德数学趣题大全.题目卷.3:英文	2016-01	18.00	518
劳埃德数学趣题大全.题目卷.4:英文	2016-01	18.00	519
劳埃德数学趣题大全.题目卷.5:英文	2016-01	18.00	520
劳埃德数学趣题大全.答案卷:英文	2016-01	18.00	521
李成章教练奥数笔记.第1卷	2016-01	48.00	522
李成章教练奥数笔记.第2卷	2016-01	48.00	523
李成章教练奥数笔记.第3卷	2016-01	38.00	524
李成章教练奥数笔记.第4卷	2016-01	38.00	525
李成章教练奥数笔记.第5卷	2016-01	38.00	526
李成章教练奥数笔记.第6卷	2016-01	38.00	527
李成章教练奥数笔记.第7卷	2016-01	38.00	528
李成章教练奥数笔记.第8卷	2016-01	48.00	529
李成章教练奥数笔记.第9卷	2016-01	28.00	530

刘培杰数学工作室
已出版(即将出版)图书目录——初等数学

书　名	出版时间	定　价	编号
第19～23届"希望杯"全国数学邀请赛试题审题要津详细评注(初一版)	2014—03	28.00	333
第19～23届"希望杯"全国数学邀请赛试题审题要津详细评注(初二、初三版)	2014—03	38.00	334
第19～23届"希望杯"全国数学邀请赛试题审题要津详细评注(高一版)	2014—03	28.00	335
第19～23届"希望杯"全国数学邀请赛试题审题要津详细评注(高二版)	2014—03	38.00	336
第19～25届"希望杯"全国数学邀请赛试题审题要津详细评注(初一版)	2015—01	38.00	416
第19～25届"希望杯"全国数学邀请赛试题审题要津详细评注(初二、初三版)	2015—01	58.00	417
第19～25届"希望杯"全国数学邀请赛试题审题要津详细评注(高一版)	2015—01	48.00	418
第19～25届"希望杯"全国数学邀请赛试题审题要津详细评注(高二版)	2015—01	48.00	419
物理奥林匹克竞赛大题典——力学卷	2014—11	48.00	405
物理奥林匹克竞赛大题典——热学卷	2014—04	28.00	339
物理奥林匹克竞赛大题典——电磁学卷	2015—07	48.00	406
物理奥林匹克竞赛大题典——光学与近代物理卷	2014—06	28.00	345
历届中国东南地区数学奥林匹克试题集(2004～2012)	2014—06	18.00	346
历届中国西部地区数学奥林匹克试题集(2001～2012)	2014—07	18.00	347
历届中国女子数学奥林匹克试题集(2002～2012)	2014—08	18.00	348
数学奥林匹克在中国	2014—06	98.00	344
数学奥林匹克问题集	2014—01	38.00	267
数学奥林匹克不等式散论	2010—06	38.00	124
数学奥林匹克不等式欣赏	2011—09	38.00	138
数学奥林匹克超级题库(初中卷上)	2010—01	58.00	66
数学奥林匹克不等式证明方法和技巧(上、下)	2011—08	158.00	134,135
他们学什么:原民主德国中学数学课本	2016—09	38.00	658
他们学什么:英国中学数学课本	2016—09	38.00	659
他们学什么:法国中学数学课本.1	2016—09	38.00	660
他们学什么:法国中学数学课本.2	2016—09	28.00	661
他们学什么:法国中学数学课本.3	2016—09	38.00	662
他们学什么:苏联中学数学课本	2016—09	28.00	679
高中数学题典——集合与简易逻辑·函数	2016—07	48.00	647
高中数学题典——导数	2016—07	48.00	648
高中数学题典——三角函数·平面向量	2016—07	48.00	649
高中数学题典——数列	2016—07	58.00	650
高中数学题典——不等式·推理与证明	2016—07	38.00	651
高中数学题典——立体几何	2016—07	48.00	652
高中数学题典——平面解析几何	2016—07	78.00	653
高中数学题典——计数原理·统计·概率·复数	2016—07	48.00	654
高中数学题典——算法·平面几何·初等数论·组合数学·其他	2016—07	68.00	655

刘培杰数学工作室
已出版(即将出版)图书目录——初等数学

书　名	出版时间	定　价	编号
台湾地区奥林匹克数学竞赛试题.小学一年级	2017—03	38.00	722
台湾地区奥林匹克数学竞赛试题.小学二年级	2017—03	38.00	723
台湾地区奥林匹克数学竞赛试题.小学三年级	2017—03	38.00	724
台湾地区奥林匹克数学竞赛试题.小学四年级	2017—03	38.00	725
台湾地区奥林匹克数学竞赛试题.小学五年级	2017—03	38.00	726
台湾地区奥林匹克数学竞赛试题.小学六年级	2017—03	38.00	727
台湾地区奥林匹克数学竞赛试题.初中一年级	2017—03	38.00	728
台湾地区奥林匹克数学竞赛试题.初中二年级	2017—03	38.00	729
台湾地区奥林匹克数学竞赛试题.初中三年级	2017—03	28.00	730
不等式证题法	2017—04	28.00	747
平面几何培优教程	即将出版		748
奥数鼎级培优教程.高一分册	2018—09	88.00	749
奥数鼎级培优教程.高二分册.上	2018—04	68.00	750
奥数鼎级培优教程.高二分册.下	2018—04	68.00	751
高中数学竞赛冲刺宝典	即将出版		883
初中尖子生数学超级题典.实数	2017—07	58.00	792
初中尖子生数学超级题典.式、方程与不等式	2017—08	58.00	793
初中尖子生数学超级题典.圆、面积	2017—08	38.00	794
初中尖子生数学超级题典.函数、逻辑推理	2017—08	48.00	795
初中尖子生数学超级题典.角、线段、三角形与多边形	2017—07	58.00	796
数学王子——高斯	2018—01	48.00	858
坎坷奇星——阿贝尔	2018—01	48.00	859
闪烁奇星——伽罗瓦	2018—01	58.00	860
无穷统帅——康托尔	2018—01	48.00	861
科学公主——柯瓦列夫斯卡娅	2018—01	48.00	862
抽象代数之母——埃米·诺特	2018—01	48.00	863
电脑先驱——图灵	2018—01	58.00	864
昔日神童——维纳	2018—01	48.00	865
数坛怪侠——爱尔特希	2018—01	68.00	866
当代世界中的数学.数学思想与数学基础	2019—01	38.00	892
当代世界中的数学.数学问题	2019—01	38.00	893
当代世界中的数学.应用数学与数学应用	2019—01	38.00	894
当代世界中的数学.数学王国的新疆域(一)	2019—01	38.00	895
当代世界中的数学.数学王国的新疆域(二)	2019—01	38.00	896
当代世界中的数学.数林撷英(一)	2019—01	38.00	897
当代世界中的数学.数林撷英(二)	2019—01	48.00	898
当代世界中的数学.数学之路	2019—01	38.00	899

刘培杰数学工作室
已出版(即将出版)图书目录——初等数学

书 名	出版时间	定 价	编号
105个代数问题:来自AwesomeMath夏季课程	2019—02	58.00	956
106个几何问题:来自AwesomeMath夏季课程	即将出版		957
107个几何问题:来自AwesomeMath全年课程	即将出版		958
108个代数问题:来自AwesomeMath全年课程	2019—01	68.00	959
109个不等式:来自AwesomeMath夏季课程	即将出版		960
国际数学奥林匹克中的110个几何问题	即将出版		961
111个代数和数论问题	即将出版		962
112个组合问题:来自AwesomeMath夏季课程	即将出版		963
113个几何不等式:来自AwesomeMath夏季课程	即将出版		964
114个指数和对数问题:来自AwesomeMath夏季课程	即将出版		965
115个三角问题:来自AwesomeMath夏季课程	即将出版		966
116个代数不等式:来自AwesomeMath全年课程	即将出版		967
紫色慧星国际数学竞赛试题	2019—02	58.00	999
澳大利亚中学数学竞赛试题及解答(初级卷)1978~1984	2019—02	28.00	1002
澳大利亚中学数学竞赛试题及解答(初级卷)1985~1991	2019—02	28.00	1003
澳大利亚中学数学竞赛试题及解答(初级卷)1992~1998	2019—02	28.00	1004
澳大利亚中学数学竞赛试题及解答(初级卷)1999~2005	2019—02	28.00	1005
澳大利亚中学数学竞赛试题及解答(中级卷)1978~1984	即将出版		1006
澳大利亚中学数学竞赛试题及解答(中级卷)1985~1991	即将出版		1007
澳大利亚中学数学竞赛试题及解答(中级卷)1992~1998	即将出版		1008
澳大利亚中学数学竞赛试题及解答(中级卷)1999~2005	即将出版		1009
澳大利亚中学数学竞赛试题及解答(高级卷)1978~1984	即将出版		1010
澳大利亚中学数学竞赛试题及解答(高级卷)1985~1991	即将出版		1011
澳大利亚中学数学竞赛试题及解答(高级卷)1992~1998	即将出版		1012
澳大利亚中学数学竞赛试题及解答(高级卷)1999~2005	即将出版		1013

联系地址:哈尔滨市南岗区复华四道街10号 哈尔滨工业大学出版社刘培杰数学工作室
网　　址:http://lpj.hit.edu.cn/
邮　　编:150006
联系电话:0451—86281378　　13904613167
E-mail:lpj1378@163.com